生活文化史選書

猪の文化史　歴史編

文献などからたどる猪と人

新津　健　著

はじめに——古典からみる猪害のはじまり

棚田や段々畑が広がる農村風景、それは長い歴史の中で築きあげられた自然と人との調和を示す、文化的景観とも呼ばれる見事な成果品でもある。しかし、今これらの景観が残る山沿いの地域を歩くと、そこには田畑を囲むさまざまな柵が目につく。トタン板やネットなどから成るこれらの柵、実は猪や鹿から作物を守るいわゆる「猪垣」なのである。日本全国の統計では年間なんと五十億円もの作物被害をもたらしている、現在での猪害。猪を含めた鳥獣害対策は現状での大きな課題でもある。このような作物をめぐっての人と獣とのせめぎあいは今にはじまったものではなく、人が作物を作りはじめた時に遡るものと思われる。ここにもまた長い歴史がいきづく。

農耕が生活のよりどころとなっていった弥生時代には、すでに鳥獣による被害が生じていたことは推測に難くない。「考古編」でふれた銅鐸絵画の鹿や猪に矢が向けられる光景は、一つには作物を荒す害獣を意味するものであろう。降って、文字による記録が残される律令の時代にはさまざまな記録や歌集が編集された。今、古典文学とも呼ばれるこれらの文字史料の中に、猪や鹿の害、さらにはその対策にかかわる言葉を目にすることができる。猪害に関する記録のはじまりでもある。

○魂合へば　相寝るものを　小山田の　鹿猪田守るごと　母し守らすも（万葉集巻第十二）

○あらき田の　鹿猪田の稲を　倉に上げて　あなひねひねし　我が恋ふらくは（万葉集巻第十六）

このように万葉集には、田を荒す動物として鹿とともに猪が詠み込まれている（青木・井手・伊藤・清水・橋本校注一九九四、一九九五。以下万葉集の引用は同じ）。

ここで「鹿猪田」は「ししだ」と読まれ、鹿や猪が荒す田と解釈されている。また「鹿猪田守る」という表現からは、鹿や猪から作物を守る対策が行なわれていたことが理解できる。

このような獣害を防ぐためには、猪や鹿が田畑に入り込まないように追い払いを行なうことになる。
○あしひきの　山田守る翁が　置く鹿火の　下焦れのみ　我が恋ひ居らく（万葉集巻第十一）
○朝霞　鹿火屋が下に　鳴くかはづ　声だに聞かば　我れ恋ひめやも（万葉集巻第十）
○朝霞　鹿火屋が下の　鳴きかはづ　偲ひつつありと　告げむ子もがも（万葉集巻第十六）
「鹿火《かひ》」とは、「田畑を荒す鹿や猪などを追うために焚く火」であり、「鹿火屋」はそのような火を焚く小屋と解釈されている。いわゆる猪、鹿追いの番小屋の一種とみてよいだろう。

さらに次のような歌もある。
○衣手に　水渋付くまで　植ゑし田を　引板我が延へ　まもれる苦し（万葉集巻第八）
鳴子のこととされる「引板《ひきた》」が、ここには詠みこまれている。

少ないデータからではあるが、番小屋に一晩中泊り込んだり、終日鳴子を引いたりしての鳥獣の追い払いが日常行なわれていたものと推測できる。万葉の時代にも、農民は鳥獣の害に悩まされていたのである。

平安時代、藤原道綱の母が記した『蜻蛉日記』にも、夜更けに響く獣を追う声の記述がみられる（松村・木村・伊牟田校注・訳一九八九）。

「見やりなる山のあなたばかりに、田守のもの追ひたる声、いふかひなく情なげにうち呼ばひたり」

という石山寺周辺の様子であり、「田守のもの追いたる声」は、山田を獣の害から守る番人の声と説明されている。

第二章の後半にて紹介するが、この情景は江戸時代に司馬江漢が三河国熊村に宿泊した際、寝入りて夜更に聞いた猪を追う声や、『飛騨後風土記』に記録された「山畑の夜守」にも共通する。京を一歩離れると、そこは獣の棲む世界なのであった。鹿や猪から作物を守る深夜の労働は、平安の時代にも行なわれていたのである。

猪害が顕著であった江戸時代には番小屋への泊り込み以外にも、鉄砲の音による追い払いや猟師を頼んでの退治といった防御策が盛んに行なわれた。その他にも獣が田畑に侵入することを防ぐ柵や石垣の構築も行なわれている。これらの遮蔽施設は「猪垣」「猪土手」「猪堀」「鹿垣」などと呼ばれているが、江戸時代以前にもすでに存在していたようだ。「信長公記」（奥野・岩沢校注一九九一）元亀三年の項に、「しゝ垣結まはし置かれ候処に、風雨の紛れに切抜け候なり」という記事があることを、中世城館跡に詳しい山下孝司氏から教えていただいた。これは松永弾正などとの戦にかかわる記事であり、獣害防止の猪垣を意味する言葉なのか、あるいは戦にかかわって設置した柵をこのように呼んだのか、この文面からは詳細は不明であるものの、「しゝ垣」という言葉が戦国時代にも使われていたことがわかる。さらに近江国今堀郷には鹿の害を防ぐための「鹿垣」設置にかかわる享徳二年（一四五三）の史料が残されている（川島一九九一）。十五世紀中頃にはこのような施設が作られていたのである。もっとも木の柵で田畑を囲う方法については、『豊後国風土記』「頸峯《くびのみね》」の項に、「此の田の苗子を、鹿、恒に喫ひき。田主、柵を造りて伺ひ待つに、鹿至来たりて、己が頸を挙げて、柵の間に容れて、やがて苗子を喫ふ。」とあり（秋本校注一九五八）、獣害を防御するための柵が古代にも用いられていたことがわかる。

やはり農耕のはじまりがそのまま獣害対策の歴史、ということにもなろう。このような歴史の中で、江戸時代もまた獣害が周期的に押し寄せた時代でもある。加えて今に残る資料も、それ以前と比べ数段に多い。猪垣などの遺構も身近にみることができる。まさに作物をめぐっての猪との闘いが、江戸時代のデータにふれることにより理解できるものと思われる。このような理由から、本書では江戸時代における猪害の実情並びに防除対策について詳しくふれることとしたい。

なお本編は先に刊行した「考古編」に続くものである。「考古編」が主に、縄文時代から中世までを扱ったのに対し、本編では近世から現代までを対象とした。二編合わせることにより、先史時代から現代に至るまでの人と猪とのかかわりの一端にふれることができるものと思われる。

目次

第一章　猪との闘い──近世農民と猪──

一　猪殲滅──対馬藩の例──

（一）殲滅の必要性と計画の概要

江戸時代の中頃、元禄年間から宝永年間にかけて対馬藩では壮大な計画を実行した。全島に生息する猪を殲滅するという、ある意味では悲壮な、しかし藩にとっては農民の生活維持と財政の確保という切実な決意のもとの行動であった。

なにゆえに、そこまで猪を撲滅しなければならなかったのか。そこには、作物を育て収穫する側の人間と、その作物を糧とする野生動物とのすさまじいほどのせめぎあいが続いていたからである。江戸時代をとおして猪の害は激しく、全国各地に被害の実情を物語る史資料が数多く残されている。猪や鹿の侵入を防ぐため、田畑に石垣や柵を巡らす「猪垣」の設置、鉄砲の炸裂音による追い払い、耕作地に設けられた番小屋での寝ずの番など防御策が行なわれ、それに猟師を雇用して退治するという積極策も加わり、果てには神仏への祈願という事例にまでも至っている。これにかかる労働力と経費とはなまやさしいものではない。これらの防除行動により、猪害は一時の収まりをみせる。しかし被害は再び繰り返す。人と猪との攻防は毎年続く。

このような中、対馬藩では他に類をみない驚くべき計画を実行する。それが冒頭に述べた殲滅につながる実力行使であった。その概要を対馬藩の郡奉行、陶山鈍翁が著わした「猪鹿追詰覚書」（宮本・原口・谷川一九七〇、以下では

「追詰覚書」と表記する）から探ってみよう。対馬は南北に長い島であり、山が多いことから耕作に適した土地は少なく、主に焼畑に依存する地域であった。現在でも八十八パーセントの山林に対して耕作地はわずか三・三パーセントという。少ない耕作地についても、ちなみに寛文検地帳（一六六二年）に記された対馬南端の豆酘村での耕作地の地目は、木庭地（焼畑）五十六パーセント、畠地四十パーセント、水田四パーセント未満という（黒田二〇〇九）。決して恵まれた生産力を持つとは言えないこの島にあって、猪や鹿の害はもはや見過ごすことのできない重大事であった。「追詰覚書」の前文には、猪鹿追い出しの正当性がまず述べられている。

「猪鹿年々に作毛を害ひ、人民の食物を減らし、作所に成るべき山も作所にならず、猪鹿の防に力費へて農業疎かなり、（中略）近年は度々作毛悪く、人民困窮に及べる故、此上に凶年あらば、人民の食甚乏敷、飢に及ぶ事あるべし、（後略）」

というように獣害のために生産力・労働意欲ともに減少し、食料不足さらには飢饉という危機に直面した。そこで、

「其所を憂ひ恐る、餘り、猪鹿追詰の事を思ひ立、仕切牆を構へさせ、山々谷々の猪鹿を無レ殘追はしむ、（後略）」

という結論に至ったのである。

しかし、徹底して「無レ殘追はしむ」ためには通常ならば島民が立ち入ることが絶対にできない神域ともいうべき「神山」も、猪鹿追の対象としなければならない。そこで、

「神を輕しめ神山を侵すにてはなく、郡中の人民を救はん為に、神山の猪鹿をも追出さしむるなれば、其理りを聞き召て、常ならぬ仕形を許し給ふべし」

と、神に許しを願っている。ここに、島内に生息する猪鹿を殲滅するという、陶山鈍翁らの揺るぎない意思をみることができる。

では具体的にどのような方法がとられたのであろうか。本文を追ってみよう。

まず計画では、南北に長い島（南北約七十キロメートル、東西最大幅十四キロメートル）を六つの区画に仕切り、その

区画ごとに猪、鹿を追うこととした。六つの区画とは、島を短軸方向に分断するかのように、五筋の大垣により仕切られた区画のことであり、作業はこの大垣を構築することからはじまる。これらの大垣の長さは、島を横断する場所及び山地や入り江の状況により一律ではなく、四里から七里と計算されている。まず島の北部に「一番目の牆」が構えられ、南部に向かい順に「五番目の牆」までが計画される。これらの大垣は東岸と西岸とを結んで構えられているが、入り江と入り江とを結ぶという最短距離ではなく、出崎と出崎とを結ぶというあえて長い箇所をとおる方法がとられている。これは追われた猪が湾内を泳いで元の区画に戻る危険性を防ぐための仕方とされている。第１図に「追詰覚書」から読み取れる大垣の概ねの位置を示しておいた。多くが山地であることから、実際には地形に応じて相当屈曲していたものと思われる。

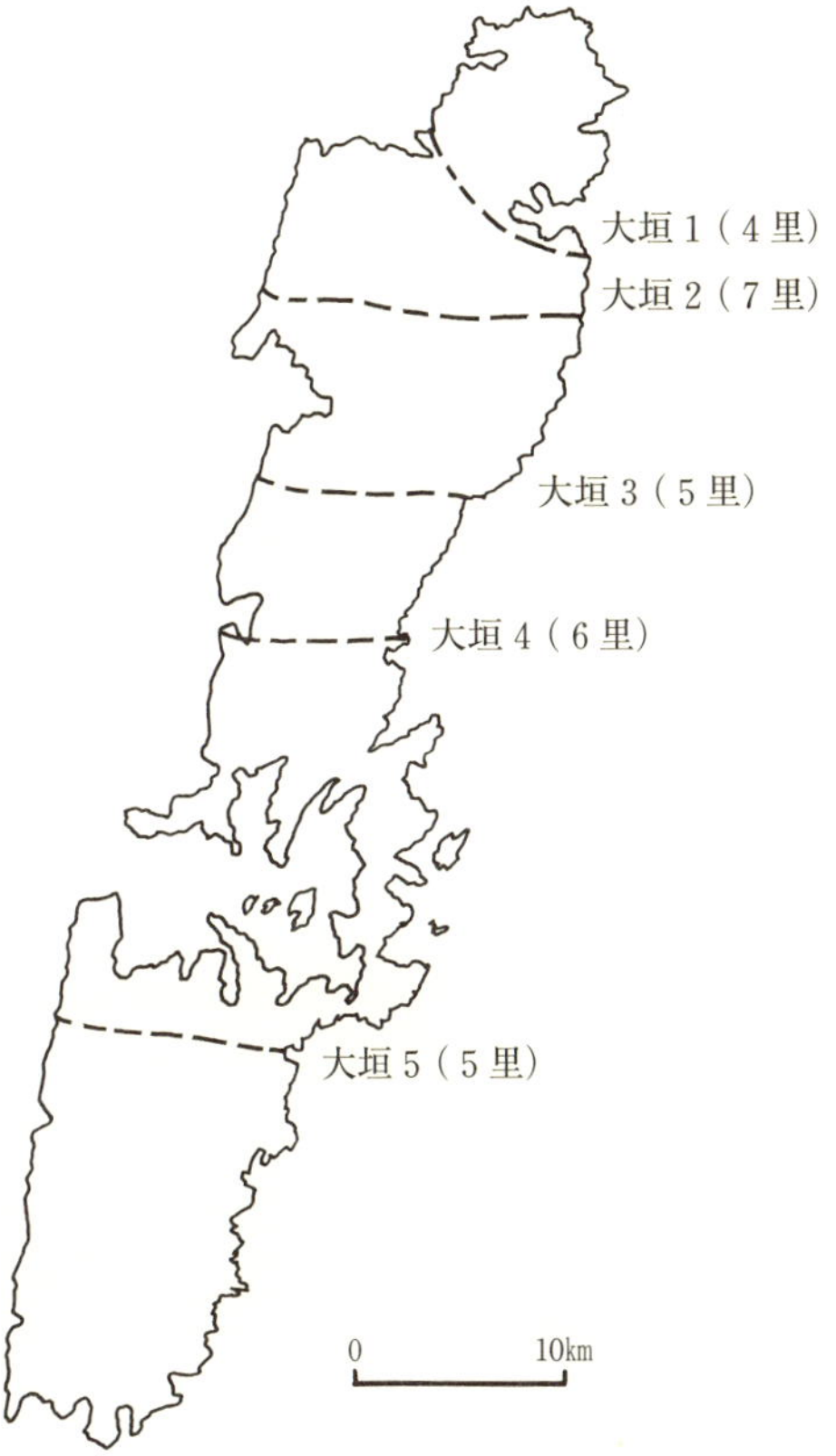

第１図　対馬の大垣位置概略

こうして構築された「一番目の牆」の北側区画をまず追い詰め、除々に南下し最後に「五番目の牆」の南区画で終了することとなる。

大垣設置から追詰終了までの手順は次のとおりである。

１大垣作り　２大垣と道路とが交わる箇所への木戸、番小屋の設置　３大垣に区画された内区の薮伐採、焼き払い　４内区への内垣作り　５追詰

このような工程が組まれている

が、追詰作業後にも実は次のような手だてが組み込まれている。

6 残り猪・鹿の確認と追詰　7 子猪・子鹿の移住　8 作物増収による借金の返済

以上の工程を経て追詰計画が完了し、対馬の農民は猪鹿害への日々の対策から解放されることとなる。

（二） 各工程作業の内容と成果

前項で紹介した大垣設置から追詰作業、さらには借金の返済計画までの各工程について、少しばかり詳しくみていこう。なお表1には「追詰覚書」に記載された各工程における必要人員や日数などを一覧としてまとめておいたので、ご参照いただきたい。

1 大垣作り

木杭とまさき、むべ、あけびの蔓を用いた柵であり、高さ六尺と規定される。猪、鹿の移動を完璧に遮断する必要性があることから、「大垣は密に構ふるゆへ、一人一日を一間半に積り、内牆は大體に構ふるゆへ三間に積り」とされるように、内区の柵よりも隙間が少ない構造が求められている。一人一日一間半というノルマから計算すると、例えば一番目の大垣は四里の長さであることから、これを完成するには五千七百六十人が必要とされることが算出されている（当時の一里を三十六町＝三千八百八十八メートルとすると、この数値となる）。以下二番目から五番目の大垣についても、それぞれの長さから、表1にみるような人夫数が計算されている。

先にもふれたように、大垣の設置箇所は入り江と入り江とを結ぶ最短距離の箇所に設けられたのではなく、泳ぎのできる猪や鹿を考慮して、出崎から出崎までを結び構築され、しかも追詰の日には海にも船を浮かべ監視するほどの綿密な計画がたてられていることは、驚きでもある。

2 大垣への木戸、番小屋の設置

表１　対馬猪鹿追詰覚書の計画　陶山鈍翁『猪鹿追詰覚書』

地区	大垣			内垣		人夫合計	１日の人夫数	日数	伐採等			内垣	追詰			人夫を出す郷
	番号	距離	人夫数	総距離	人夫数				１日人数	日数	総人数	坪数	１日人数	日数	総人数	
1	１番目	4里	5,760人	９里	6,480人	12,240人	612人	20日	600人	5日	3,000人	８坪	600人一組	８日	4,800人	豊崎、佐護
2	２番目	7里	10,080人	23里	16,560人	26,640人	1,332人	20日	1,200人	5日	6,000人	16坪	600人二組	８日	9,600人	佐護、豊崎、伊奈
3	３番目	5里	7,200人	30里	21,600人	28,800人	1,440人	20日	1,500人	5日	7,500人	20坪	600人二組	10日	12,000人	伊奈、豊崎、佐護、三根
4	４番目	6里	8,640人	15里	10,800人	19,440人	972人	20日	900人	5日	4,500人	12坪	600人二組	６日	7,200人	三根、伊奈、仁位
5	５番目	5里	7,200人	18里	12,960人	20,160人	1,008人	20日	1,200人	5日	6,000人	16坪	600人二組	８日	9,600人	仁位、三根、與良、佐須
6	南内垣			28里	20,160人	20,160人	1,008人	20日	1,200人	5日	6,000人	16坪	600人二組	８日	9,600人	與良、佐須、豆酘
合計		27里	38,880人	123里	88,560人	127,440人		120日		30日	33,000人	88坪		48日	52,800人	198日、213,240人

上記一覧の人数以外に、次の人員も必要とされる。
※追詰には毎日犬200頭が伴う。
※追詰人夫15人に給人１人宛付き添い、人夫の前後左右を立回る。
※１坪の追詰後、翌日はその坪の確認役２人と犬２匹（犬係共）とで念をおす。猪鹿が見つかったら、その郷民のみにて追い詰めることとする。
※大垣にて、道路と交差する箇所には番小屋や木戸を構え、番人を置く。さらに給人、足軽から目付を選び、大垣の見回りを行なう。
　破損箇所があれば奉行に申し上げるとともに修復を行なう。５ヵ所の大垣合わせて総人数は、番人が7,130人、目付が5,400人となる。

島を横断して大垣を構えることから、道路と交差する箇所が必ず出てくる。その箇所には木戸と番小屋とを設けよ、ということになる。他にも東西の海岸沿いにも必要とされている。番人の役目は、「往来ある時ばかり木戸を開き」ということになるが、この番人には困窮人をあてることによりその救済をも目論むという配慮もみられる。さらに「給人足軽」といった組織上の者を目付として、大垣破損状況の見回り及び修理係を命じている。大垣の両側にある区画の追詰が完全に終了するまでは、木戸番と見回り目付の役目が続くことになる。ちなみに、大垣一番目、三番目、五番目が八十日間、二番目と四番目とが三百三十日間の業務として割り振られている。当然これにかかる手当（米の配給）も計算されている。

3　大垣内の藪伐採、焼き払い

大垣構築に引き続き、これにより仕切られた区域内の藪などの伐採や火入れが行なわれる。これは猪や鹿が隠れやすい場所の除去ということであるが、ここで伐採された木々で使えるものは、「内牆」ともよばれる内垣構築の材料に用いられる。この作業を行なうことにより、獣を追い詰めやすくなる。伐採、火入れの日数は五日間が充てられており、これにかかる人夫は、最も狭い一番目北区画で一日あたり六百人、最も多い三番目北区画で一日あたり千五百人と見積もられている（表1）。

4　内垣作り

大垣で仕切られた区画内には追詰の効果をあげるとともに、段取りをしやすくするため、さらに内垣が構えられる。この内垣の設置場所や形状についての説明がないことから詳細はわからないが、追詰の方法として「半里に一里半ほどの坪」を基準としていることから、半里×一里半の碁盤目状の小区画が設定されていたことになり、これが内垣であったと推測できる。この坪数は大垣で仕切られた区画の面積により八坪から二十坪まで格差が認められ、これにより内垣の総距離にも差がでてくる（表1）。

内垣の高さは、大垣が六尺であったのに対して、五尺とやや低い。また大垣が柵を縛る材料が「むべ」や「あけび」を用い、しかも密に構えたものであったのにくらべ、「内牆は大體に構ふる」とともに蔓は「葛」を使うことが指示されている。このことから一人一日あて三間という仕事量となっており、大垣の二倍のスピードで設置できる計算となっている。この人夫積算についても表1のとおりである。

「追詰覚書」では、大垣と内垣の両方を合わせた設置期間を二十日としてそれぞれの区画における人夫動員数が見積もられている。やはり表1に示したように、一番目の大垣とその北側区画がセットとなって一日あたり六百十二人、二十日間で延べ一万二千二百四十人となっている。

5　追詰

猪・鹿の実質的な退治行動である。一番目の大垣に仕切られた北側の区画からこの追詰作業を順次行ない、最終的には五番目の大垣の南側区画までの六区間にてこの作業を繰り返すことにより、対馬に生息する猪や鹿を殲滅することになる。

追詰の仕方は、各区域に設定された坪（半里×一里半の長方形区画）ごとに追い詰め、退治していくことが記されている。追詰は人夫六百人が一組となって一日一坪を担当する。一番目の区画は八坪であることから一組にて八日間で終了するが、二番目以下の区画は十二坪～二十坪と多いことから、六百人二組で同時に実施することにより、六日～十日という日数が見積もられている。各区画での必要人数は表1にまとめてあるが、六区画全体では延べ四十八日間五万二千八百人にもなる。

この作業には人夫六百人ばかりでなく同時にその監視・指示役として人夫十五人あて一人が配置され、さらに犬二百疋も加わっている。人夫三人につき犬一疋という割合になる。なお河岡武春氏による「追詰覚書」の解題・註によると、当時八百八十三人の猟師がいたとされ、これらの猟師が複数の猟犬を飼育していたことが考えられている（河岡一九七〇）。猟師も犬附として当然追詰人夫の中に組み込まれていたものと思われる。

この六百人と犬二百疋とが横一線となって、端から端まで追い詰め、最後に「遂詰垣」に追い込んで仕留めることになると思われるが、仮に坪の短軸（半里）に横一線で並ぶとすれば、人夫の間隔は三メートルほどとなる。

6　追詰後の残り猪鹿の確認とさらなる追詰

なんと念の入った計画であろうか。一里半×半里の坪内を人夫六百人と犬二百疋で追い詰めた翌日、「猪鹿見出しの巧者」を選びその内の二人と犬二疋とで見残しがないかどうか見きわめるよう定めている。一匹でも確認できた時には、犬と犬附以外はその郷の人員により残らず追い詰めるよう指示されている。このことは、その見出し役の者達に熊野牛王への血判起請文や厳罰まで用意させていることからも、残り猪鹿の確認役を非常に重要視していることがわかる。ここまで徹底した意思と行動とがあってはじめて、猪鹿の殲滅が達成できるのである。

7　子猪、子鹿の移住

全島での追詰が完了する見通しがたった時には、「猪兒、鹿兒各十ばかりを生きながら執へて箱に入れ、朝鮮国の絶影島に送り放つべし」と指示している。河岡武春氏は「解題」の中でこのことにふれ、「やはり生き物を根だやしにしてはならぬという考えから出たものである」と、陶山鈍翁らの気持ちを代弁している。

8　増収による借金の返済

対馬における猪鹿の殲滅計画は以上のような綿密なものであり、役人・島民あげての徹底した管理と行動とがあってはじめて達成できるものであった。その背景にあった優れた計算力をみのがすことはできない。設置する遮蔽垣の総距離、垣の構築や追詰にかかる人夫の能力、動員可能島民数、材料の質と使用箇所、これらをすべて考慮しながらの計算。その結果、大垣・内垣の設置、伐採・焼入れ・追詰にかかる人夫数は延べ二十一万三千二百四十人と計算されている（表1）。これにかかる飯米は一人七合で千四百八十七石六斗四升と見積もられている（計算上では千四百九十二石六斗八升となる）。

これ以外にもそれぞれの垣の出来を確認する奉行役延べ四千人分の飯米二十八石、小屋の番人、垣の見回り目付などにかかる延べ一万二千五百三十人の飯米八十七石七斗一升があり、さらには追詰の犬についても四合の飯米を見込んで八十七石一斗二升を見積もっている。これらを合計すると千六百九十石四斗七升というきわめて大きな数値となる。元禄頃の江戸の米相場が米一石あたり〇・七五両位であり、このことからすると何と千二百両にもなる金額である。

この負担を藩の財政でどの程度負担したのかは分からないが、「追詰覚書」の文面では「猪鹿遂詰の入目銀を町人より借り調え」とあることから、商人からの借用にて賄う計画が読み取れる。その返済については、年貢を増やすことはせず、追詰後の穀物増収分から返済したり、余剰の大豆を他国へ販売した利益などから返済することが計画されている。このような考え方は、陶山鈍翁の次のような思想にもとづいている。

「御年貢の増す事を好まず、穀物の出来増ことを好み、御国中を御蔵の中の様に思へる心にて、猪鹿遂詰の事を行ひ、其上にて公役を省き、怠りを戒め、困窮を救い、驕りを禁じ、山林を養ひ、川筋を直し、村々に穀物を蓄へて、凶年の用に備へば、穀物の出来増し甚だ多かるべし」

まさに日々の勤労と節約とを背景にして国を富まそうと考える、奉行の心意気が伝わってくるではないか。そして猪鹿殲滅後の益として、次のような項目をあげている。

1　穀物増収　2　野菜増収　3　猪の食料になっていた木の実の利用増加　4　凶作時の葛根蕨根の活用　5　竹（の子）の増収　6　猪追いに費やされた労力の耕作・牛馬飼育への転化

このようにして得られた増収分の収益を、借金の返済に充てるという計画であった。

以上のような大垣の構築から借用金返済までの計画が指令されたのは、元禄十三年九月のことであった（河岡一九七〇）。

なお具体的な作業期日についても次のように指示されている。

・十一月十日迄に麦の仕付け終了

・十一月十一日～十二月二十五日　垣作りから追詰まで終了（四十五日間の内実質労働日数三十三～三十五日間の計画）

・一月六日～二月二十日　次の垣作りから追詰まで終了

＊一番目から六番目の区域までの追詰は、冬～春の繰り返しにより三年間（足かけ四年間）で終了する計画

この周到に計算され準備された猪鹿追詰作戦ではあったが、実際にはどのような成果があげられたのであろうか。これについては「追詰覚書」だけでは不明であるが「解題」の中で河岡武春氏は、当初足かけ四年の予定が八年かかったが、三万頭近くの猪を殺したことによりこの事業は成功し島の食料自給が一応可能となったことを記している。しかしこの事業を境に対馬の猪が全滅したわけではなく、島南端の豆酘《ずず》郷の産物に猪があげられているという「対馬記事」の紹介も行なっている。

いずれにしても、各地で猪害に悩まされそれに相当の労力と経費とを費やさざるを得なかった江戸時代、対馬藩のような実力行使により猪殲滅が計画され、そして実行された地域もあったのである。これには離島という地理的な条件が大きくかかわっていたことは言うまでもない。なお加えるならば、綿密な作戦をたてるに必要な地図が整っていたことも条件の一つであろう。江戸時代の各国絵図には、正保年間や元禄年間に制作され幕府に提出されたものがよく知られている。対馬国絵図でも元禄時代のものについては、元禄十年（一六九七）に制作着手、十三年から十四年に完成している（黒田二〇〇九）。陶山鈍翁が郡奉行になったのが元禄十二年、猪鹿追詰計画が指令されたのが元禄十

三年ということは、はからずも元禄絵図の完成と軌を一にしている。大垣設置の位置、内垣の坪割り、道路との交差や木戸の正しい位置と箇所数、入り江と出崎の正確な位置、集落や耕作地と山林などの位置関係などを把握してはじめて追詰計画が立案可能となるわけであり、このためには精度の高い絵図（地図）がなければならない。もちろん以前にも正保の絵図などがあったことは確かであろうが、元禄絵図の制作時期と追詰計画がほぼ一致していることは、深いかかわりがあるように思われるのである。

いくつかの条件が整ってこそ、全国に類をみないほどの大規模な殲滅計画が実行されたのである。

二　八戸藩の猪飢饉

猪殲滅を実行しなければならなかった対馬藩での獣害の実情、それは「木庭《こば》」と呼ばれる焼畑を中心に大きな被害があったからである。個々の畑を柵で結い、その上毎晩の猪追いという重労働。そこには比類なき切実な思いがあった。

このような猪や鹿の害は、対馬だけでなくもちろん全国各地にて起こっていた。中でも東北地方八戸藩での被害は「猪飢饉」（「猪飢渇《いのししけがじ》」）という、聞きなれない呼び方にて記録に残されている。江戸時代の八戸地域では、冷害や獣害などにより飢饉が度々起こっていた。全国的にも天明三〜四年（一七八三〜八四）の飢饉が最もよく知られているが、江戸中頃の寛延二年（一七四九）の飢饉は猪の繁殖もその原因に加わるといったことが、最大の特徴ともいえる。「八戸藩日記」にはこの年十二月七日の公儀への報告として次のように記載されている（八戸市史編さん委員会一九七七）。

一　此方様御損毛御書上高
　　壱万六千六百五十四石壱斗四升余

八戸藩の表高は二万石であることから、なんとこの年は本来採れるべき収穫のなんと八十三パーセントが不作であったことになる。

また八戸藩の俳人・知識人である上野家文《うわのかぶん》原著とされる『卯辰梁《うたてやな》』には、八戸藩内での天明飢饉の悲惨さが詳しくふれられているが、その前文に三十数年前に起こった寛延年間や宝暦年間の飢饉についての実情も紹介されている。就中、寛延の飢饉については「是ヲ巳午ノ猪飢饉トナリ」と称し、猪被害による飢饉であることが述べられている（高橋梵仙一九七七）。寛延二年が巳年、翌三年が午年であることにもとづく名称である。餓死者数については「翌午年夏時迄餓死者御領分ニテ四千五六百人程ト宗門改メノ節風聞有之候処、翌未ノ年他国へ離散ノ者立帰リ、申ノ年宗門御改メノ節ハ餓死ノ者三千人計ト申ス」と記されている。つまり、寛延三年の夏頃までには四千五、六百人が餓死したという噂であったが、二年後の宗門改めでは三千人位の餓死者数が把握できたことになる。

この飢饉をもたらした原因が、猪の繁殖とその食害によることから「猪飢饉」（「猪飢渇」）と呼ばれたのである。では猪との具体的な関係はどのようなものであったのだろうか。

八戸市の著名な郷土史研究者西村嘉氏は、「猪飢饉」の原因を焼畑での大豆栽培という「商品生産農業」に求めた（西村一九七八）。猪の繁殖、それは江戸などの大消費地における商品経済の発達に大きくかかわっていたというのである。農産物の商品生産化が進む元禄時代以降、江戸や大阪といった大都市あるいは城下町の近郊は水稲のための開田が進む一方、都市住民の「食生活に必要な味噌原料としての大豆の供給が、広大な南部の畑作地に課せられた」と指摘する。商品経済の発達に伴って都市で消費される大豆、その栽培が八戸などの遠隔地に求められたのである。元来八戸一帯は火山灰地帯でもあり、また冷たい東風《やませ》などから米よりも畑作物の占める割合が多い地域でもあった。このことから、大豆の作付け面積が急速に拡大することになるが、これは主に焼畑での栽培であったという。焼畑は二、三年の耕作の後しばらくは休耕地となるが「一定面積の焼畑を経営するためには、その二十～三十倍の面積が必要」である、と西村氏は説く。この広大な休耕地にまず繁茂するのが葛や蕨などの植物である。澱粉質を蓄える地下茎をもつこれらの植物は、雑食性の猪にとって好餌の一つであり繁殖を促す。かくして猪の急増、更なる耕作地への進出、被害の激増、そして飢饉という道筋へと進んでいく。

このような「猪飢饉」をもたらした根源を、大豆という商品作物の栽培を促進する「流通経済の成立」にあるとした西村氏の考えはするどい。元禄以降の経済発展とそこから始まった大豆栽培の歴史が、徐々に飢饉への道を進んでいったというのである。その寛延二、三年の「巳午の猪飢饉」の延長上にある天明の大飢饉により、南部地方の農業は「壊滅的な大打撃」を被ることになったと、西村氏はさらに続ける。

こうした見方に立って、『八戸市史』史料編近世五〜近世一〇に掲載されている「八戸藩日記」「八戸藩勘定所日記」「八戸藩御用人所日記」などの史料を追っていくと、「巳午の猪飢饉」の前にも少しずつ猪害が発生しており、その後も若干なりとも継続し、さらに宝暦の飢饉にまで至ったことが理解できる。これを整理してみたのが表2である。

まず、元文二年に猪荒に対しての鉄砲拝借願いが出されているものの、その後八年間は被害に関する記事はみられない。ところが延享二年一月に突如、「在々猪多有之ニ付此間之雪ニて猪殺候様ニ申付」という記載が登場する。猪が多いことから、この冬の雪が積もっている間に猪を捕獲せよ、という要旨である。ということはすでに前年には猪の被害が発生していたことを意味するものであり、狩猟しやすい冬の間に猪を退治してしまえ、ということになろう。それでもこの年の五月には、各地区に鉄砲十二挺が貸し出されていることから、猪害が収まらなかったことがわかる。翌年はさらに被害が続出したようで、鉄砲の貸し出し以外にも、犬を飼うことが奨励されている。犬は猪猟にも必要であり、通常飼い置くことによっても猪追い払いに有効とみられていた。先に紹介した対馬における猪追いにも二百頭にも及ぶ犬が動員されている。このようにさまざまな猪対策が実行されつつある年であった。

次の延享四年五月には、猪捕獲数として二疋とか四十疋という数が記録されており、実際に猪退治が実行されていたことがわかる。さらに六月二十七日の記事に、「猪為御払被成候人数次第左之通」という猪狩りにかかわる配備と順序とが記載されている。八戸藩目付を総司令官とし、代官や足軽などの役人に加え人足五百人を動員するという、大がかりな猪退治計画である。その概要は次のとおりである。

表2　八戸藩日記、八戸藩勘定所日記、八戸藩御用人所日記にみる猪被害と対策
（『八戸市史』史料編近世５～10より抽出）

年	西暦	月日	内容の要約
元文２	1737	６/28	・鉄砲３挺拝借願いにつき焔硝も含め渡す。
延享２	1745	１/18	・在々に猪が多いことから、此の雪の間に猪退治を申し付ける。
		５/25	・八戸、久慈、名久井に合計鉄砲12挺貸付。
延享３	1746	７/９	・猪狩りが多いことから、鉄砲拝借願いに付き貸し付ける。
		７/27	・猪の被害が多いことから、これまでの犬法度にもかかわらず、村々にて犬を飼うよう申し付ける。
		８/６	・軽米通での猪害、稲作の枯損についての検分願い。
		８/７	・八戸廻畑での猪被害による不作の検分願い。
		10/17	・猪討ち取りの方法についての相談。
延享４	1747	５/10	・木幡忠五郎拝知にて百姓が猪２疋討ち取る。 ・久慈通にて百姓大勢が猪大小40疋討ち取る。
		５/17	・近年狼不在により猪害が生じていたが、軽米通にて狼が出たことにより猪を1疋も見ない。
		６/27	・猪追い立て人数次第 人足500人 内300人　　　巻勢子 これに名主８人小走８人を添える。22人に名主小走の内１人をあてる。 同60人　　追立勢子 10人に足軽１人あてる。 同100人　　　待勢子 足軽８人預 ・追い立ての具体的な順序の記述。
寛延元	1748	４/６	・軽米の内に猪多く追散し申度のことから、鉄砲13挺貸し出す。
		５/25	・拝借願いにより八戸廻に12挺、軽米通に4挺貸し出す。
		11/17	・御勘定頭へ 近年村々にて一両年猪被害が多く百姓共困窮している。鉄砲を貸しても犬が無いことから防げないと聞いている。犬飼いのことについては去寅７月に触れているところである。今後も各村にて申し合せて飼い置くよう、代官へ申渡す。
寛延２	1749	１/15	・近年不作や猪被害が続くことから、方策と猪退散の御祈祷を寺領付の寺院へ仰せ付ける。 ・去10日より当正月までに八戸廻の内嶋守村、山根通種市村田代村妙村是川村にて、合計804疋の猪を留めたという。
		３/１	・是川通、嶋守通、軽米通、名久井通について、猪住処を焼き払う願いが多いことから大木類立木等への支障見分の上、焼払うよう仰せ付けらる。
		７/１	・近年は凶作が続いており、当年も天候不順にて実りも心もとないことから、南宗寺を始めとし常泉院までの10ヶ寺へ五穀成就の祈祷を仰せ付けらる。
		12/５	・11月11日より29日迄八戸廻代官所管内にて猪200疋狩取を申出。 ・11月21日より29日迄久慈代官所管内にて猪246疋狩取を申出。
寛延３	1750	１/26	・23日、24日の２日間に猪32疋を討留た由。殊に大振りの猪を持ち遣る。
		１/28	・25日猪16疋、26日8疋、27日9疋を討ち留める。仕留めた数が少ないことから、29日までの予定を来月2日まで延長することを申し来る。

寛延３	1750	2／4	・猪狩りのお役、中里八郎右衛門精勤に対して金200疋の褒美を遣わす相詰。 ・この度の猪狩猟師共に鳥目30疋あて、鑓持者に20疋あて下さる旨仰せ付けらる。 ・この猟師共に願いどおり、鉄砲四匁筒10挺を４月まで借用を仰せ付けらる。
		2／5	・去巳10月11日より同晦日までに10疋以上の猪を留めた組に、鳥目20疋あて下さる旨を仰せ付けらる。 ・近年猪が多く出ることから、再度山焼きの希望有る者は申し出ることを仰せ付けらる。
宝暦元年（寛延４年11月３日改元）	1751	2／7	・山根名主作右エ門は此大雪にて先頃より猪討ち取りに精を出していたが、飯料がなかった。それについての願いのあった雑穀がないことから、米１駄を支給する旨を仰せ付けらる。
		3／4	・此間迄に、2,923疋余の猪が討ち留められたことが申し出される。
		4／22	・近年猪討ち取りのために犬を飼い置くよう仰せ付けられたところであるが、多く抱えることにより怪我人が出たようであることから、抱え置くことを停止するようお触れが差し出される。
		6／16	・八戸廻代官から猪討鉄砲16挺の拝借願が出される。
		8／8	・軽米通高650石余のところ、猪の被害により不作となったことから、見分願が出される。 ・八戸通浜山根通は所々不作であることから、高1,400石余のところ、見分願が出される。
宝暦２	1752	1／24	・久慈通にて、猪117疋討ち取る由。
		4／27	・是川通にて猪害が出たことから、鉄砲借用願いにより３挺を仰せ付けられる。
宝暦３	1753	12／18	・浜山根通での猪害につき、百姓共へ猪1疋の狩取に付き鳥目150疋宛下さることから、精を出して狩り取るよう仰せ付けらる。
宝暦５	1755	2／15	戌年中久慈御代官所猪留申人数覚 ・猪71疋　水沢猟師己之松　・同１疋　門ノ沢藤助 ・同11疋　大野村酉松　・同14疋　本波又七 ・同３疋　門前村長三郎　・同18疋　猟師作十郎 ・同60疋　猟師兵助　・同２疋　猟師弥七郎弥五郎 ・同33疋　本波又兵衛　・同７疋　同庄十郎 ・同４疋　川代要松　・同６疋　鉄砲御免三右エ門時次郎佐平次 ・同２疋　麦生甚之丞　・同３疋　長内村御百姓共 ・同５疋　小久慈御百姓共　・外猿２疋 （猪合計240～新津）
宝暦９	1759	5／26	・八戸廻にて猪害が出たことから、鉄砲壱挺拝借願について仰せ付けらる。
宝暦11	1761	3／9	・猪害に付き、八戸廻より猪追払の願い。
		3／15	・八戸廻猪追20日より実施。鉄炮８挺拝借願、仰せ付けらる。 ・名久井長苗代猪追の願い。名久井は盛岡御領より猟師雇用、１疋につき300文の褒美について願いのとおり仰せ付けらる。
		7／12	・今朝、猪が内丸に入る。打ち留めた者共に褒美鳥目30疋。
明和元	1764	1／23	・猪狩留数　922疋久慈村　33疋種市村　216疋軽米村
明和３	1766	8／25	・玉井与兵衛拝知において猪荒につき、鉄炮拝借願。
明和５	1768	2／12	・在々猪鹿討留書上 猪211疋　鹿5疋　八戸廻 猪96疋　名久井長苗代 猪152疋　鹿114疋　久慈通 惣村〆猪512疋　鹿123疋（総数は原文のママ）

明和 5	1768	6 /20	・船越市郎右衛門拝知にて拝借の猪威鉄炮が盗まれる。鉄炮代 5 貫文上納仰せ付けられる。
明和 8	1771	3 /25	・猪威鉄炮2挺拝借願出仰せ付けられる。
		6 /17	・三浦安右衛門拝知にて猪荒につき威鉄炮拝借の願い、仰せ付けられる。
安永元	1772	5 /14	・山根通猪鹿退治について、この度は玉薬代 1 人100文、一賄32文宛仰せ付けられる。
安永 2	1773	1 /17	・在々猪鹿狩申出左之通 1,081疋　八戸廻 28疋　長苗代通 113疋　名久井通 262疋　軽米通
安永 3	1774	1 /29	・在々猪狩留之員数申出 覚 鹿 9 疋小船渡村　猪 1 疋同村　鹿15疋金浜村　鹿50疋道仏村 鹿186疋八木浦通　〆261疋23日迄に狩取 右種市通源蔵分 159疋　内147疋鹿　12疋猪 右山根名主甚九郎分 鹿 7 疋　柏崎通　右ハ名主伊右衛門分 鹿50疋　右ハ湊名主勘助分 同 6 疋　新井田村彦太郎分 鹿11疋猪 1 疋　是川名主治右衛門分 鹿24疋　嶋守名主助十郎分 鹿 5 疋猪 1 疋　戸田村広次右衛門分 鹿 4 疋猪 8 疋　軽米村伝之助分 鹿25疋猪24疋　軽米名主弥□□□ 右書付ニ而申出　（合計：鹿539疋、猪47疋～新津）
		5 /12	・嶋森百姓共より猪威鉄炮2挺拝借願い、仰せ付け。
安永 5	1776	3 /12	・太田茂兵衛拝知にて猪荒につき鉄砲壱挺貸出願い、仰せ付け。
安永 6	1777	3 /10	・村上六郎右衛門拝知、鹿荒につき威鉄砲願出 1 挺、仰せ付け。 ・太田茂兵衛拝知、鹿荒につき威鉄砲筒願出 2 挺、仰せ付け。 ・嶋森百姓共より鹿威鉄砲 4 挺願出願、申し渡す。
安永 7	1778	1 /27	・来る晦日に猪狩を仰せ付けられたことから、種市詰御代官 1 人、大野詰同 1 人、中野辺同 1 人、小軽米詰同 1 人、嶋守郷へ御徒目付 2 人、右の通り仰せ付けられた人足は15才以上残らず出、など。
		2 / 3	・大野郷にて晦日朔日に猪狩を済ませた中里和右衛門、山内唯四郎、左之通申し出る。　猪 9 疋　大野にて　鹿 5 疋　同所　猪 9 疋　中野　鹿24疋　中野 ・軽米御代官大関藤十郎昨夜引取、小軽米笹渡辺にて狩するものの猪鹿をみることがなかった。 ・猪鹿此節浜通に集居するにつき、久慈八戸浜廻通討留るよう、1 疋に付50文仰せ付けらる。猟師加勢大野へ久慈より 7 人、八戸浜通へ軽米より 7 人遣わすよう申達す。猟師 1 人へ人足 3 、4 人あて。
		10/17	・近年猪鹿が作毛荒し、百姓共が困窮することから、猪鹿狩の御用役人を申渡す。8 名の名前が記載されている。
		12/ 7	・長苗代通にて猪狩り。猟師20人他60人狩人人足1,200人。町よりこのうち300人出る。

安永８	1779	2/19	・石井善兵衛、石橋源弥拝知にて猪荒につき所持の鉄砲差し遣わす。 ・中里兵大夫所持の鉄炮、大慈寺拝知での猪荒用立に封印切を申し渡す。 ・村上六郎右衛門、郡司三郎右衛門、石井善兵衛拝知での猪荒につき、鉄炮１挺拝借願、申し渡す ・種市の内、平内村、松館村、妙村、猪荒につき威鉄砲４挺拝借仰せ付け。
		11/24	・鹿狩について、降雪につき、村々申合出精するよう御代官に申達す。以下、実行の月日と地名が記載されている。
安永９	1780	3/3	猪鹿狩留旨の申出 ・猪鹿1,540疋　浜山根通　・同276疋　妙田代村　・同15疋　是川村　〆1,831疋　2月25日より晦日迄の申出
		7/12	・当正月より2月迄の手柄の者への御褒美 大猪1疋につき100文　中猪大中鹿は1疋につき50文　子猪鹿32文 右之通にてこの度惣31疋。
天明元	1781	3/19	・猪威鉄砲1挺拝借願の通り、太田八十助
		3/20	・猪威鉄砲１挺拝借願の通り、郡司三郎右衛門、中野門助、小田島庄内、菅弥一兵衛　右拝知鹿荒につき願出。
		5/5	・猪威鉄砲１挺拝借願の通り、笹渡村、正法寺村。右猪荒につき願出。
天明２	1782	3/5	・浜通今日猪狩につき、白浜へ御見物のため、明六時御共揃、等々。
		6/15	・是川村御百姓共、鹿荒につき威鉄砲願の内、２挺拝借を申達す。
寛政６	1794	1/11	・猪鹿多いことから、狩取の者へ、１疋につき御褒美100文宛、女猪鹿は200文、１～２歳猪鹿は50文、と申達す。
		5/7	・十日市辺にて猪鹿荒につき、威鉄砲1挺願への仰せ付け。
寛政７	1795	4/4	・頃巻沢百姓共より願出のあった威御鉄砲拝借を、願の通り御刀番へ申遣。
寛政10	1798	1/7	・猪狩御用につき、御徒目付等の者の支度金願出、700文宛申達す。
		2/20	・当正月御徒目付、鹿猪狩留員数、御勘定頭より書上左之通 八戸廻　猪鹿41疋、内猪10疋、鹿24疋 同所　同46疋、内猪22疋、鹿23疋、兎１疋 長苗代通　鹿27疋 名久井通　猪鹿69疋、内猪37疋、鹿32疋 久慈通　同137疋、内猪27疋、鹿110疋 〆320疋
享和３	1803	7/27	・在々猪多の趣にも、猪威鉄砲不足につき、村方向寄の猟師共より無心相用。
文化４	1807	1/15	・来る19日20日、後御代官所の村方残らず鹿狩に精出すよう。 ・村限御蔵給所残らず15歳より60歳迄、右前後にても狩立に相成るよう。
文化10	1813	9/5	・戸渡村長八、猪威鉄砲１挺拝借願の通り仰せ付けるよう。
安政６	1859	12/20	・猪１疋、帯島村彦杢討上について、肝を取るよう仰せ出で、御勘定頭、出町右衛門太、御用御取次中里行蔵、御側医神山雲濤立合うこと、御代官村木岩之進、立合。 ・胆代金100疋、他に褒美として鳥目50疋、御勘定頭へ相渡すこと。
文久元	1861	1/17	・猪胆差上、目形47匁、二ツ屋市 ・猪胆差上、目形68匁、□屋ノ作右衛門 右御褒美、作右衛門へ３朱、市へ２朱、御代官へ相渡。
		1/25	・23日、猪１疋、鯨州村治五右衛門討留につき、胆を取るよう御沙汰に相成り、当役御用御取次、御側医、御代官立合う。 胆代２朱、御褒美500文 ・八戸廻浜山根村へ猪数疋相下り村方迷惑につき、猟師２、３人を願出申上、鳥屋部村左門次郎、同村金助、正部家村岩松の３人に仰せ付けらる。

文久元	1861	2／4	・猪胆２疋分差上、弐ツ谷村市長之助、帯島村甚右衛門、宇八、右御褒美金100疋
		2／11	・猪胆２疋分、夏井村猟師共、右御褒美２貫文に金２朱、御代官へ相渡。 ・猪胆２疋分、夏井村猟師共、右御褒美１貫五百文、御代官へ相渡。
文久２	1862	1／19	・猪３疋、大小寺下久右衛門、胆代２朱外御褒美１歩下され、当役並びに御用御取次、御側医立合、料理いたすこと。
		1／22	・猪胆是までに13上納となったが、春暖に向い効能も薄く成ることから、当年上納は御免と成る御達。売買は勝手次第の旨申達すこと。 ・猪水胆１、目形２匁８分、二ツ屋ノ市右御褒美700文表より受取、御勘定頭へ相渡す。
文久３	1863	12/28	・猪、杉沢村百姓共相取、胆２疋分差出。
元治元	1864	1／5	・猪２疋、水胆にて目形９匁１つ、６匁１つ、御褒美２つにて２貫文表より受取、御勘定頭へ相渡。 右金山沢村より田屋迄参る旨、八戸廻御代官接待忠兵衛申し出、学校にて胆を取る筈であったが、子猪の由、ことに松之内でもあることから、田屋並びに名主立合にて差出すよう申達す。 ・猪１疋水尉にて、12匁、褒美３朱鳥屋部村より参り取。
		1／15	・猪水胆１つ、目形６匁、褒美700文、角ノ浜村分 ・同２つ、目形４匁5分、褒美600文、正部家村岩松 ・同１つ、目形７匁７分、褒美２朱、小水無ノ三之丞 ・同１つ、目形５匁３分、褒美600文、鳥屋部村勘之助 ・同１つ、目形２匁５分、褒美１朱、島守村分
		1／27	・猪水胆１、目形５匁、褒美700文、道仏村子之助
		1／28	・猪水胆１、目形２匁５分、褒美１貫文、種市村三十郎
		2／13	・猪水胆小１、大野郷旭岡ノか免、右之通差上に付き、御医者御覧のところ小胆の上、彼岸過であることから、不用の趣にて御下げ相成に付き、御勘定頭前野武え相渡。
慶應２	1866	1／22	・近年猪多く、畑地等年々荒すことから百姓共迷惑していると聞き及ぶ。この度、栃内金太夫より門弟共足堅調練のかたわら、猪狩致したき願出に付き、郷□へ申達す。宿並びに人足勢子共を差出よう仰付けられる旨、御沙汰に付き申達す。
		1／25	・栃内金太夫、佐藤万次郎門、弟共引連、山根通へ今朝猪狩まかり出に付き、八戸廻御代官両人詰方、今日まかり越す談申出。 ・猪狩に付き、山根通近村より勢子共600人、暁六ツ時にまかり出る様、金太夫、万次郎願出に付き、差出よう仰付られ、御代官へ申達。
		2／9	・鳥屋部村助作、猪１疋打取る旨、御用人所へ申出られ、御覧遊ばさる旨仰出、北ノ御門より御広敷へ差出こと。
		2／11	・鳥屋部村助作、猪胆差上、御褒美50疋、御代官江相渡。
慶應３	1867	1／11	・猪胆４つの内、２つ上江苅村菊松、１つ大鳥村作十郎、１つ江刺家村重次郎より差上に付き、１貫５百文菊松、500文作十郎、１朱重次郎

二人の代官に指揮された巻勢子三百人が周囲を固める中、足軽一人と人足十人一グループの六組から構成される追勢子が螺貝の合図とともに、鉄砲、太鼓、大声にて猪を追い出していく。ここでの鉄砲には火薬の音だけのいわゆる威鉄砲が主であり、指示によっては玉込め鉄砲も用いられたようである。追われた猪は、足軽八人と待勢子百人からなるグループにより仕留められることになる。高台に立つ指揮官のもと、螺貝の連絡によりそれぞれの動きを実行するという戦の陣立てにも似た追詰計画であり、先にみた対馬での事例にも共通する動きでもある。但し対馬のような金銭も含めた詳細な計画ではなく、また実際に実行された記録なのか、その成果はどうであったのかはここでの記事からは読み取ることはできない。しかし、この年の猪出現の多さを物語る記録であったことは確かであろう。

翌年は七月に寛延元年と改元される年である。この年も作付けや収穫の時期には鉄砲の貸し出しが行なわれるとともに、二年前にもお触れが出された犬飼いの奨励が申し渡されている。やはり猪の出現が多かったのである。

このような前段階を経て、「巳午の猪飢饉」と呼ばれる寛延二、三年の飢饉を迎えることになる。まず寛延二年の猪捕獲数は次のように記載されている。

・正月十五日　八百四疋（昨年十二月十日より今年の正月迄　八戸廻代官所管内）
・十二月五日　二百疋（十一月十一日より二十九日迄　八戸廻代官所管内）
　　　　　　　二百四十六疋（十一月二十一日より二十九日迄　久慈代官所管内）

一年間に千二百五十頭にも及ぶ猪が討ち取られるほど、猪の出現が多かったのである。しかもこの年は、猪が生息しやすい山林や藪の刈り取り・焼き払いといった環境整理も行なわれ、加えて豊作と猪退散の御祈祷が管内の寺々にて実施されている。すなわち、「猪退治」「生息環境の除去」「神仏への祈り」という、江戸時代において行なわれた猪防除対策の一つのセットとでもいうべき行動が、この八戸藩においても実行されていたのである。

しかし翌寛延三年も猪の出現は続き、一月二十三日、二十四日の二日間で三十二匹、二十五日から二十七日までに三十三疋を仕留めたと記録されている。その後も猪を討ち取った者への褒美の記事が何度も記載されており、猪退治が奨励されていたことがわかる。

このような猪害防除対策にもかかわらず、天候不順も加わって『卯辰梁』に記載されたように三千人にも及ぶ餓死者数を出す飢饉がもたらされたのである。

なお『卯辰梁』では寛延三年の秋からは不作が止まり、以後宝暦四年までの五年間は豊作であったと伝えるが、「八戸藩日記」などでは依然として猪被害の報告は続いている。特に寛延四年（十一月に宝暦元年と改元）三月四日の記事には、「此の間までに仕留めた猪数二千九百二十三疋余」という旨の報告がみられる。此の間というのが昨年度からのことなのか、寛延二年も含んでいるのか、詳しいことはわからない。但し相当な数量であることから、あるいは延享年間以降の猪退治を始めてからの総数を意味するのかもしれない。なお、寛延辛未銘（四年）の「悪獣退散祈願碑」が八戸市内に残されており、この年も猪が多く出回っていたことが窺われる。

その後宝暦二年（一七五二）一月にも百十七疋が討ち取られており、以後も猪害は続いている。そして「宝暦の飢饉」として世に知られる宝暦五年へと入っていく。『卯辰梁』では「宝暦五年大凶作」「神武以来ノ大凶年」と伝え、餓死した者七千人と伝える。この年の凶作の原因は大雨や北東の冷風によりもたらされた「冷害」であり、「八戸藩日記」十月二十三日には公儀への報告として、本来の生産高二万石のうち一万八千五百七十三石余が不作であった旨が記されている。実に九十三パーセントにも及ぶ不作率である。このような冷害による飢饉の年ではあるが、「八戸藩日記」二月十五日の記録に合計二百四十疋の猪が討ち取られたことが載せられている。毎年退治されていた猪ではあるが、やはりその生息は続いていたのである。しかし宝暦の飢饉の主な原因は冷害ということであり、猪が関与したという捉え方は全くなされていない。

以上「巳午ノ猪飢饉」と呼ばれた寛延二年・三年の飢饉を中心に、その飢饉が猪繁殖によりもたらされたという記録を追ってきた。その結果八戸藩域における猪害の継続は延享二年（一七四五）を始まりとし、寛延二年（一七四九）・三年（一七五〇）をピークに宝暦五年（一七五五）までは続いていたことが理解できた。少なくともこの十年間は猪増加期であったことがわかる。では、それ以後はどうであったのか。

再度、表2から宝暦年間以後の猪に関するデータを追ってみよう。実は、宝暦以降も寛政年間までは猪の捕獲に関する記録は続いているのである。特に宝暦五年から九年後の明和元年（一七六四）には、なんと千百七十一疋が退治されている。この数値は「猪飢饉」をもたらした寛延二年にも匹敵する。その後明和五年（一七六八）には鹿百二十三疋、猪五百十二疋、安永二（一七七三）では猪鹿合計千四百八十四疋が捕獲されている。この安永頃から猪よりも鹿の捕獲数が増加するようになり、安永三（一七七四）では猪四十七頭に対して鹿五百三十九頭となっている。除々に猪が減少しつつある傾向にあったようである。安永九年（一七八〇）の猪鹿合わせて千八百六十二疋というのも、多くは鹿であったとみてよいだろう。そして寛政十年（一七九八）の猪九十六疋、鹿二百十六疋を最後に、猪の大量捕獲の記録はめっきり少なくなる。文化十年（一八一三）に猪威鉄砲拝借の記事があるものの、文化、文政、天保年間には猪捕獲の記載はみられない。そして寛政十年から六十年後の安政六年（一八五九）になって「猪壱疋討上」というように、やっと捕獲数が再登場しはじめるが、元治元年（一八六四）の十二疋を最多として慶応三年（一八六七）四疋というように、それほど多い数値ではない。なお、安政六年以降の猪捕獲の記事は、「猪肝《きも》差上」というような記載が中心となっており、薬用として猪の胆嚢が採取される意味合いが表われている。寛政以前の猪退治とは異なった状況が見て取れる。しかし文久元年（一八六一）正月二十五日では「猪数疋相下り村方迷惑」とあり、慶応二年（一八六六）正月二十二日には「近年猪多罷成」「御百姓共迷惑之趣」であることから調練を兼ねた猪狩りの願いが出されたり、二十五日には猪狩りに勢子六百人出動、といった記録が残されている。これらのことから、いっとき収まっていた猪の襲来が幕末には活発化したことが窺われる。

以上のことから、延享年間（一七四五年頃）に増加しはじめた猪出現は、途中に寛延二、三年（一七五〇）の大繁殖を含みながらも宝暦（一七五〇年代）、明和（一七六〇年代）、安永（一七七〇年代）、寛政（一七九〇年代）まで半世紀近く続いたのである。もちろんこの長い期間を一様に猪が多発したわけではなく、千頭以上が捕獲された年をみると寛延二（一七四九）、宝暦元年（一七五一）、明和元年（一七六四）、安永二年（一七七三）、安永九年（一七八〇）（安永二年と九年とは猪と鹿の合計）、となることからおよそ十年ほどのスパンで大繁殖していたことが推測できる。つまり五十年間近い猪繁殖期間の中でも増減の波があったことになる。

そして六十年間ほどの減少期を経て、幕末から明治にかけて再び猪害の増加期が訪れることとなる。しかし幕末での出現数はさほどではないことから、六十年前のような大繁殖には至らなかったものと思われる。以上のような八戸地域における猪害の増減が捉えられたが、西村嘉氏が考えたように、大豆栽培の休耕地が猪繁殖をもたらした一つの大きな要因であったことはたしかであろう。しかし、その背景には気象条件や動物そのものの繁殖サイクルといった自然界での動勢が大きくかかわっていたものと見なされる。自然条件と人間の行為、それらの微妙な組み合わせが猪増減のサイクルを生み出したのではないか。これについては、本書のあらゆる箇所でふれることとなる。

ところで、「猪飢饉」ともよばれた寛延二、三年と同程度の猪繁殖期は、その後も明和元年や安永二年に訪れている。しかし猪あるいは鹿害が原因となって飢饉に至ったという記録はない。このことは寛延の飢饉が異常であったことと共に、その後の藩をあげての獣害対策が効を奏したといって良いのではないか。一月から二月の冬期での猪狩り、捕獲への報奨制度、頻繁な威鉄砲の貸与、藩としての捕獲計画の実行など、これらの施策が遂行されていたのである。「猪飢饉」の再来を防ぐためにも。

以上のように、藩主から百姓まで一丸となって獣害に立ち向かった八戸藩の対応を、「八戸藩日記」などから読み取ることができた。加えて、村側の記録である「村明細帳」や「村夫銭帳」などにより、さらなる獣害と防除対策の検証が可能になるものと思われる。今後の課題とも言えよう。

第二章　甲斐国における猪害と対策——鉄砲・番小屋・狼札——

これまで大がかりな猪殲滅計画が実行された対馬藩の例、猪の出現が飢餓をもたらした八戸藩の「猪飢饉」の例をみてきた。このような全国的にも目立った事例がある他、実は江戸時代をとおして各地にて猪や鹿による被害、そしてそれを善処すべきさまざまな対策が全国各地で行なわれてきたことも確かである。そのような事例について、以下甲斐国の事例から詳細を追ってみよう。

甲斐は四方を山に囲まれた小さな国である。甲府盆地を中央にした「国中《くになか》」地区と、富士山の麓及びそこから流れ出す桂川・道志川など相模川上流地域、更には多摩川源流域を含むいわゆる「郡内《ぐんない》」とよばれる地区から構成されている。この甲斐国の範囲はそのまま現在の山梨県となっており、県土の約七十八パーセントを山林が占めるという山岳地域でもある。

江戸時代の甲斐国は幕府の直轄地であり、初期段階は徳川家の直接支配（郡内は秋元氏の支配が中心）、宝永から享保年間が柳沢家所領、以後は幕末まで甲府勤番が置かれ代官所による支配が行なわれてきた。文化十一年完成の松平定能《さだまさ》編さん『甲斐国志』によると、行政区画は四郡（北から巨摩郡、山梨郡、八代郡、都留郡）七百七十八ヶ村から構成されていた（佐藤八郎・佐藤森三・小和田金貞校訂一九六八）が、特に甲府盆地縁辺部や富士山麓及び桂川流域の村々にあって、猪鹿の害が多かった。これらの記録は、各村から役所に提出された「村明細帳」や「村夫銭帳」に詳しい。村明細帳とは、村の位置や石高にはじまり人口・戸数、道路、用水、土質、さらには作物の種類や栽培状況、鉄砲所持数までも含む、いわば市町村勢要覧ともいうような帳簿である。領主や代官の交代時、あるいは巡検使派遣の際に提出が求められたものである。一方村夫銭帳は金銭出納簿であり、村として行なった事業の経費を細かく記載した帳簿として、毎年代官所に提出したものである。このような帳簿の中に、猪をはじめとした獣害の状況やその被害防止策にかかる経費などが記載されている。特に村明細帳には具体的な猪害のことが記載され、村夫銭帳には防除対策経費が記録されている。以下に、これらの帳簿から、江戸時代における甲斐国の猪害の実情とそれにかかわる対策を追ってみよう。史料は、市町村史・誌および山梨県史資料叢書にまとめられたものを使用した。

一　村明細帳にみる猪害などと防除の事例

（一）猪鹿の出没

明細帳に記載された被害の記事は、大体のところ「猪や鹿が多く出現し作物を荒して困っている」という書き方が主流である。具体的には「山家ニ御座候故、猪鹿多分出、諸作あらし難儀仕申候」（巨摩郡大武川村　天保九年）、「近年猪鹿大分ニ出喰荒し申候」（巨摩郡秋山村　延享三年）、「山方ニ而猪鹿猿多く御座候」（八代郡湯奥村　天明八年）、「猪鹿多く出候而作毛荒申候」（都留郡大石村　延享三年）というような記載である。つまり「当村は山方の村であることから、猪や鹿の害が多い」という旨の記述でもある。村の年貢の査定にもかかわる明細帳の性格からすると、作物のとれにくい条件が強調されて記載される傾向があるものの、やはり山間部の村では猪や鹿の害が多かったことは確かであろう。「猪鹿が多い・作物を荒す（迷惑する）」といった意味の記載がなされた村をまとめると次のようになる。

山梨郡　川浦村（明和八　一七七一）、下柚木村《しもゆのき》（明和五　一七六八）、三日市場村（宝永二　一七〇五）、岩手村西組（明治三　一八七〇）

八代郡　地蔵堂村（明治三　一八七〇）、藤野木村《とうのき》新田組（安政二　一八五五）、中芦川村（文化二　一八〇五）、湯奥村（天明八　一七八八）、市之瀬村（文政十一　一八二八）

巨摩郡　大武川村（天保九　一八三八）、築山村（文化四　一八〇七）、秋山村（延享三　一七四六）、十谷村《じっこく》（安永六

一七七七）、久成《くなり》村（宝永二　一七〇五）、古長谷《ふるわせ》村（享保二十　一七三五）、粟倉村（安永五　一七七六）、

南部村（宝永二　一七〇五）

都留郡　大石村（延享三　一七四六）、玉川村（享保八　一七二三）

なお、山梨郡岩手村では、特に大豆について「猪鹿喰荒申候」と記載されており、大豆への被害が多いことが強調されている。

これらの村の立地は、山梨郡三日市場村を除いて殆どが山付きあるいは山間部である。御坂山地を挟んで南北に位置する藤野木村と大石村、その尾根続きの谷間に位置する中芦川村、秩父山地への入り口である川浦村や下柚木村、釜無川流域最奥の大武川村、巨摩山地を背にした築山村・秋山村、その奥地の十谷村、毛無山の麓深く営まれた湯奥村などである。これらの村々での記載は、多くの猪や鹿が出現するあるいは作物を荒すとなっており、これらを防ぐ手だては特に記載されてはいないものの、次の項に挙げるようなさまざまな防御対策をとっていたことは間違いなかろう。特に後から詳しく検討する鉄砲保有数については、藤野木村十挺、大石村八挺というような多量保有村もみられる。

被害を受ける作物について、岩手村西組では具体的に「大豆」と記されている。川浦村明細帳（明和八）では、「粟、大豆、そば、いも類、猪鹿多ク御座候故、作不申候」とあり、被害を受けやすい作物は極力作らないようにしていたことがわかる。

さらに古長谷村の場合、猪鹿猿が喰い荒すことから山畑は売買値段が付かないといった苦しさを表現している。また宝永二年久成村明細帳では、枝郷堂平について「山中なので実りが悪い上猪鹿猿の被害が大きいことから、百姓が移転してしまい免税になった」と記されており、獣害も加わって廃村となった例もあるようだ。

（二）防除対策の記載

猪や鹿が作物を荒すことに対する具体的な措置として、次のような事例が記述されている。

（1）下草茂り猪鹿が籠るので刈り取る　八代郡三沢村（享和二　一八〇二）

（2）猪小屋にて毎夜番をする　八代郡右左口《うばぐち》村（文久元　一八六一）

（3）（昼夜）威す（追う）　上黒沢村（宝暦二　一七五二）、寺沢村（安永六　一七七七）、切石村（享保二十　一七三五）

（4）（昼夜）鉄砲で威す　巨摩郡柳平村（宝暦六　一七五六）、三ノ蔵村（文政十一　一八二八）、藤田《とうだ》村（宝暦二　一七五二）、高下《たかおり》村（享保二十　一七五三）、長知沢《ちょうちざわ》村（安永六　一七七七）、都留郡朝日馬場村（享保十五　一七三〇）

（5）耕作の間に征討（狩り）する　巨摩郡大塩村（享保十八　一七三三）、平須村（延享四　一七四七）

（6）猟師を雇う　八代郡岡村（寛政十一　一七九九）、右左口村（文久元　一八六一）、巨摩郡亀沢村（延享三　一七四六）、宮窪村（延享三　一七四六）、上条南割村（延享二　一七四五）、矢細工《やさいく》村（宝暦六　一七五六）、万沢村（享和二　一八〇二）

（7）猪鹿囲いの設置　巨摩郡矢細工村（享保二十　一七三五）、古長谷村（天保十四　一八四三）、中山村（安永六　一七七七）、寺沢村（文政十一　一八二八）

このような対策がとられている村も、（一）の獣害が多く迷惑していると述べている村と同じく、山間部あるいは山沿いの地域であることは言うまでもない。

これらの防除対策をまとめると、次のように整理できる。

①環境整理　②追い払い　③退治　④囲い施設の設置（猪垣）

①環境整理

猪の生息環境をなくすことであり、（1）とした三沢村で行なわれた、下草茂り猪鹿が籠るので刈り取るといった行為が該当する。このような記載例は少ないが、下円井村《しもつぶらい》儀定（安永九）に「立木林木有之、猪・鹿篭居中ニ付（中略）林之分薪山ニ伐払申筈ニ相談相極候」（韮崎市誌編纂委員会一九七九）という事例もあり、その主な目的は別にあったとしても、猪が棲みにくくする方法がとられていたようだ。先にふれた八戸藩にも「猪住処を焼き払う」という記録があり（寛延二年三月一日）、猪対策の一つの方法であったことがわかる。

②追い払い

これには（2）（3）（4）が該当する。（2）は畑の番小屋に泊り込んで一晩中猪追いをすることであり、右左口村の場合一ヶ所二人一組で番をするとされていることから、このような小屋が何ヶ所も設置されていたことがわかる。番小屋の事例は飛騨地方や渥美地方の資料にもみられることから、全国的に行なわれていた方法なのであろう。

（4）の鉄砲で威すやり方は、明細帳からは柳平村をはじめとして六ヶ村で記載されているが、実は最も一般的な猪追いであったと考えられる。いわゆる「威鉄炮（砲）」としてお上から借用が許された「玉込不申」空砲の鉄砲で、火薬の音にて追い払うものである。以前、各村の明細帳から鉄砲数を集計してみたことがあるが、威鉄砲の保有が明記された村は二百五十二ヶ所五百九十七挺にも及んでいた（新津二〇〇四）。『甲州文庫史料』第六巻にある享保九年三郡引渡目録では「八百四拾壱挺　威筒」と記載されている（山梨県立図書館一九七八）。明細帳が残されていない村もあり、当時の公式な鉄砲数は三郡引渡目録に記載された数値ということになるだろう。いずれにしても威鉄砲を用いることが、猪・鹿追いの主役であった。（3）の威すというのも、鉄砲での威しが中心となっていたものとみられる。

③退治

（6）は猟師を頼んで退治する方法であるが、村によっては猟師鉄砲を拝借しているところも多く、村人の中の猟師が狩ることもあったようである。明細帳の整理からも二百八挺を数えることができる。三郡引渡目録では、「三百

四拾七挺　猟師筒」と記されている。（5）の大塩村や平須村の「征討」も猟師鉄砲による退治と考えられる。

④囲い施設の設置（猪垣）

これは（7）とした猪鹿囲い――すなわち猪垣の設置である。愛知県や滋賀県など東海地方以西では石積みの猪垣がよく知られているが、甲州では柵による囲いの例が記録されている。明細帳では、寺沢村に「猪鹿垣根造リ」、古長谷村に「わち長さ千二百間、一間に杭二十二本宛」という記載があり、矢細工村や中山村にも類例がみられる。後述するが明細帳以外の資料でも鳥原村、大明見《おおあすみ》村、竹日向《たけひなた》村などに囲い施設の資料がある。鳥原村と大明見村例からは、土手上に垣根を設ける事例である。なお、竹日向村では「猪堀」という表現であるが、これは堀＋石垣から構成されている。

以上、明細帳を中心に猪や鹿害の記載事項とその防御対策について概観してみた。江戸時代をとおして猪を中心とした獣害に苦しめられていたことがわかるが、特に対策措置については次の項目で詳しく扱うこととする。

なお獣害が記された明細帳の時期については、宝永二年（一七〇五）に始まり、明治三年（一八七〇）までばらつきはあるものの散見できることから、江戸時代中期以降猪被害が続いていたものと見なされる。特に宝暦・明和年間以降の江戸後期に被害が増えている傾向が窺われるが、これについても後ほど検証していきたい。

村明細帳からとらえられた獣害への対策は以上のとおりであるが、村夫銭帳に記載された防除対策費を参照すると、これらの他に「神仏への祈願」も加わっている。具体的には三峯神社から狼のお札を借用し、これに猪や鹿の退散を祈るといった方法である。このような防除対策を整理すると次のようになる。

Ⅰ　生息環境を取り除くという基礎療法⇒藪や立木の伐採、焼き払い

Ⅱ　追い払ったり殺傷したり猪垣を設置するといった実力行使⇒

　1 追い払い―威鉄砲・番小屋

　2 退治―猟師鉄砲・猟師雇用

3　猪垣の設置

Ⅲ　神仏に祈願するといった精神療法⇒狼札への祈願

これらの方法が組み合わされつつ行なわれていたというのが実情であったと考えられる。

次にこのような防除対策、まず鉄砲（威鉄砲、猟師鉄砲）を用いての討ち取りや追い払いといった積極策について詳しくふれていきたい。

二　鉄砲の活用

（一）村明細帳に記録された鉄砲

猪や鹿の害を防ぐ効果的な方法としては、まず鉄砲の使用があげられる。この鉄砲について村明細帳には、威筒（鉄炮）、猟師筒（鉄炮）、用心筒（鉄炮）という三つの種類が登場する。用心筒は、口留番所や河岸の詰所といった取締を行なう公的な施設に置かれている。万一の事態に備えた警護用の鉄砲ということができ、他の種類に比べて少数である。獣害用としては威筒と猟師筒ということになる。これにより作物を守ろうとしたのであり、塚本学氏が表現した「農具としての鉄砲」（塚本一九九三）ということになる。

それでは、明細帳に記載された鉄砲のうち、威鉄砲と猟師鉄砲についてその保有および使われ方について整理してみよう。

［威鉄砲］

1　村での保有の仕方

村で保有する場合、「預り」「御拝借」という形をとっておりその基本は村役人、特に「名主預り」であったケースが最も多く、「古来ヨリ名主預り」（山梨郡寺本村明治三年）という表現もある。また名主以外でも、長百姓や百姓代といった村役人が所有者として名前を留めている事例もある。なお各地に残されている鉄炮証文からみると、預り主が名主や長百姓とは異なる事例もあり、その時点では村役人（名主、長百姓、百姓代ら）を勤めてはいない人物が管理している事例もあったようだ。だからこそ後でふれるが、借用に際して持主とともに名主、長百姓、百姓代らの村役人の連名で証文を提出することになるのであろう。

名主預りの場合、「時之名主御預り」（山梨郡落合村明治三年）・「年番名主方ニ所持」（山梨郡上神内川《かみかのがわ》村明治三年）という記載から、その年の名主が持ち回っていたことがわかる。なお定預りという言葉もあるが、これは持主を定め置き許可するものと思われ、巨摩郡下津金村明和八年明細帳では一挺が代々定預り、三挺が名主預りと記されている。

そのほか、山梨郡歌田村では郷筒、巨摩郡平岡村では郷恩筒という標記がなされているが、これも村を代表として名主が管理していたものとみられる。

2　借用方法及び使用期間

借用期間について、宝永二年山梨郡切差《きっさす》村では「五月より十一月迄七ヶ月切鉄炮」と記されるが、他にも明治三年巨摩郡上野村では「毎年三月より九月預、預主年々之名主」、宝永二年八代郡高部村では「月切ニ御拝借」、享保十七年巨摩郡久成村では「威三挺の内月切拝借二名・定預り一名」、寛政七年八代郡大窪村では「二挺常預り筒・一挺御給借筒」などの主旨が記されている。さらに成沢村、文化三年新屋村、法能村、明和元年上大野村などの都留郡下の村々では「四季（あるいは式）打鉄炮」と書きしるされている。すなわち表現としては①五月～十一月、②三月～九月、③月切、④常預り、⑤四季打ちなどがあり、①②③がいわゆる月切という期限付許可に当たる。明細帳以外でも、宝永八年都留郡松山村鉄炮証文では「二月より十一月迄」十ヶ月の許可が出されている資料がある。この他、享保九年山梨郡牛奥村では威筒七挺を拝借しているが、獣害の多発により「年限預り」という形で二挺の許可が続いていることが明和四年の資料からわかり、過去例が継続されるとともにある程度の融通がきいたことも理解できる。

このように月切り、常預り、四季打ち、年限りなどのパターンがあったようだが、月切りとはいってもこの期間の許可を得るといった手続き上の問題にすぎず、実際には年間を通じて村で保管していたものと思われる。

ところで借用に当たっては、それぞれの地域を管轄する代官所に名主・長百姓ら連名の証文を提出することになっており、「鉄炮証文」として各地に残っている。寛政七年巨摩郡浅尾村の例（明野村一九九四）には、

「鉄炮壱挺　玉目三匁　持主　長百姓　勘七」という借用に際して、

（1）猪鹿害が多く、難儀したことから享保十年に借用を申し出、許可された

（2）その条件として、①猪や鹿を威すだけに用いること　②他人は勿論のこと親子兄弟・好身の者などにも一切貸してはならない　③この鉄炮にて殺生や悪事をしてはならない　④以上について後日発覚した場合は持主は勿論、名主、長百姓、百姓代まで責任を負う　⑤鉄炮御用の節は、いつにてもすぐにお返しする

という主旨が綴られている。このような書式が決められていたのである。

では、このようにして拝借した威鉄砲がどのような使われ方をしたのであろうか。明細帳の例をいくつかみていこう。

・柳平村（宝暦六）　御願申上拝借仕昼夜おとし申候
・三蔵村（文政十一）　右鉄炮御拝借仕、玉込不申候、昼夜玉なしニ而威申候
・上黒沢村（宝暦二）　夏秋の義は村中に二番廻り猪鹿おとし申候
・藤田村（宝暦二）　夏秋昼夜おとし申候
・高下村（享保二十）　昼夜玉なし打ちならし猪鹿猿ふせき仕候
・長知沢村（安永六）　定預り御拝借つつ昼夜作場相廻りならし候
・朝日馬場村（享保十五）　威シ鉄炮御拝借仕、昼夜共ニおい申候

以上の例のように「昼夜威しながら村中を回る」というのが一般的で、威すというのは、玉を込めずに火薬の音で追い払うということである。夏秋というのは、作物の収穫期であり先にみた月切りの「五月～十一月」にも合致する。また昼夜については、猪は特に夜行性とも言われているが、現在でも昼間出現する例もあり、また猿は昼に行動することからこれらを駆逐する必要があったのであろう。

より具体的なことは、元禄七年西野村おどし鉄炮拝借証文（白根町誌編纂委員会一九六九）からわかる。

「（前略）鉄炮壱挺三月より十月迄村中へ御預ヶ被下候様ニと奉願候所（中略）右之鉄炮名主所ニ指置鹿猪おとしニ罷出し候節ハ、当番極名主方より当番之者ニ鉄炮相渡し、立合百姓指添罷出玉込不申鉄炮ならして鹿猪おとし可申候。鉄炮ならし不申時片時成哉他所ニ指置不申、名主所へ返し名主所ニ大切ニ仕置可申候（後略）」という証文である。要約すると次のように整理できる。

①借用期間は三月から十月　②その間は名主の所に預け置く　③威しを行なう時はあらかじめ当番を決めておく　④使う際、当番には名主から鉄砲を渡す　⑤使い終わったら名主に返し、大切に保管しておく

さらに年号不詳ではあるが浅尾新田村「乍恐以書付奉申上候」（明野村一九九四）には「（前略）前々より四箇之威鉄炮有之、右は年番名主持廻りニて、村内軒別ニ右鉄炮日々相廻し、右当番ニ当り候者は、一昼夜猪鹿を威、順番之者へ相渡し候（後略）」という文章が記されている。このくだりから鉄砲の管理および使い順について、

①その年に番を勤める名主が持ち廻りで預る　②威しを行なう時期には、当番になった家が日毎に持ち廻る　③当番の家の者は一昼夜威し廻り、翌日は次の当番に渡す

というしきたりが理解できる。

二つの事例からではあるが、名主以下の村役人預りとした鉄砲とはいっても、実際の使用は村人の交代制による使い廻しであってその管理責任が名主らにあったというのが一般的であったのであろう。また浅尾新田村事例については、この書付を提出したのは作間に鋳物師を営む村人であるが、このような者も威す当番となっていたことがわかる。

なお享保二十年高下村明細帳からは、「村に猟師二名はいるものの猟師鉄砲がないことから、実りの時期にはこれら猟師を頼み、預り主である名主あるいは長百姓付き添いのもと、御拝借してある威鉄砲を昼夜打ち鳴らして獣害を防いだ」という使い方もみることができる（増穂町誌編纂委員会一九七七）。

以上のように、村人総出で交代しながら獣害を防いでいたことがわかるが、「千野村猪鹿防方請負証文」（塩山市史編さん委員会一九九五）からは、見回りや追い払いを行なうことを請け負う者もいたことがわかる。地域やその年の被害の状況によっては追い払いを猟師らに依頼することも行なわれていたのである。猟師の雇用については後の項でふれることとする。

なお、ここで鉄砲の修理にかかわる記録を紹介しておこう。先に紹介した浅尾新田村「乍恐以書付奉申上候」の本来の主旨は、鉄砲を修理したことを代官所から咎められた友兵衛という鋳物師の弁明である。友兵衛は、たまたま当番の際に廻ってきた鉄砲が破損していることに気づき、好意から自分の技術を活かして、壊れた箇所を直してしまったというのである。

明和四年西野村「鉄炮修理致間敷旨請書」にても鋳物師に鉄砲修理の吟味がなされており（白根町誌編纂委員会一九六九）、一村民が簡単に修理することへの神経質なほどの役所の対応をみることができる。このことは天保期徳和村年中規定書に「一　鉄炮修復は持主、人足ハ村、然共村用ニ而損候ハバ村修復」（三富村村誌編纂委員会一九九六）とあり、鉄砲の管理や使用ばかりでなく修理に関しても私的に扱うことの制限は厳しかったのである。

〔猟師鉄砲〕

「玉込不申」鉄砲が威筒であるのに対して、猟師筒は実弾を発射することが許された鉄砲である。各地に猟師鉄砲にかかわる借用証文が残されているがこれによると、村で預かる鉄砲と、猟をなりわいとする者が所持を許される鉄砲との二種類の記載がある。例えば巨摩郡浅尾新田村において、天保十四年差上申鉄炮證文之事では「一　猟師鉄炮壱挺、玉目三文目、年番名主預（中略）前々より書面之鉄炮奉拝借（後略）」と記され、名主・長百姓・百姓代連名で甲府御役所に提出されている（明野村一九九四）。これに対して同郡三之蔵村貞享五年鉄砲証文では「（前略）当村太兵衛儀玉目二匁五分之猟師鉄砲壱挺致所持、狩仕渡世を送申し候（後略）」とあり（韮崎市誌編纂委員会一九七九）、ここでは太兵衛は猟師であることが表現されている。また名主が猟師として鉄砲保持を許可されている事例も同郡下神取《しもかんどり》村の延享四年「差上猟師鉄炮證文之事」（明野村一九九四）にみられる。

以上のことから猟師鉄砲とはいうものの、猟を生業とする本来の猟師鉄砲に加え、実弾を発射することのできる村共有の鉄砲という二つの意味があったと解釈できる。

なお、上記証文にみる許可条件の形式はいずれも共通したものであり、先にみた威鉄砲の例と類似しており、

①狩猟にことよせ悪事はしない　②他人は勿論、親子兄弟にも鉄砲は貸さない　③これに違反した場合はいかなる仰せにも従う

という確約が猟師ばかりでなく名主及び猟師の五人組が連署しこれを保証する形をとっている。

このような猟師鉄砲については三郡引渡目録では三百四十七挺となっているが、明細帳記載例は四郡含めて二百八挺が確認できた（新津二〇〇四）。これは市町村史・誌に掲載された明細帳から確認できた数である。やはり明細帳が残されていない村もあることから、当時の公式な鉄砲数は三郡引渡目録の数値であろう。この所持形態については先にふれたように実際に村の猟師が保有し使う場合と村役人が管理する場合とがあるが、さらに猟師を他所から雇うケースもあり、猟師鉄砲の使い方は複雑である。これを整理すると次のようになる。

1　村に猟師鉄砲があり、しかも猟師が在住しているケース

大和村では「猟師壱人御座候　但鉄炮定預リ（後略）」とある。福士村では猟師が八人いて猟師鉄砲が八挺あることからやはりこれに該当する。猟師鉄砲を保有する村の多くには、農間に猟を行なう者が在住していたのであろう。

2　**村に猟師鉄砲があり、猟師を雇うケース**

これには二つの場合がある。一つは村中に猟を行なう者が在住しており、加えて猟師を他所から雇う場合である。水口村では猟師鉄砲が二挺あるものの「猟師壱人召抱」と記されていることから、村の猟師に加え一人雇用していることがわかる。

その他猟師鉄砲が一挺あって、猟師を頼んでいる村もいくつかある。なお猟師を雇うのには当然報酬を支払っているが、これについては「村夫銭帳」に詳しく記載されていることから、後の項目でふれることとしたい。

3　**村に猟師鉄砲がなく、猟師を雇うケース**

明細帳の事例からは、山梨郡鎮目《しずめ》村、巨摩郡上条南割村、万沢村にこのような事例がある。特に鎮目村明細帳には、「高橋村猟師召抱」とある（山梨県一九九五）。村には鉄砲がないことから猟師は鉄砲持参で雇われることになり、報酬も鎮目村では甲金十両、上条南割村で扶持米年五俵に出来高一疋当たり金一分（韮崎市誌編纂委員会一九七九）、万沢村で二百匁〜二百六十、二百七十匁となっている（山梨県一九九六）。なお万沢村では「威鉄炮之内猟師抱置」とあることから、猟には威鉄砲を当てていたとみられる。

また、明細帳以外でも寛政九年柳平村「差出申猟師証文之事」（韮崎市誌編纂委員会一九七九）では給米五俵（麦二俵半、粟二俵半）に加え昼狩焔硝代・夜打焔硝代・耳代（猪一疋五匁、鹿一疋三匁）の手当を受け取る条件として、一晩につき三回夜追いを行なうなどの内容を記載した証文が、三ツ沢村の猟師と柳平村名主の間で取り交わされている。

4　**村に猟師鉄砲はないものの、猟師が在住しているケース**

高下村では猟師は二人いるものの猟師鉄砲がないことから、彼らに依頼して預り主である名主や長百姓とともに威鉄砲を用いて、昼夜打ちならし獣を防いだとある（増穂町誌編纂委員会一九七七）。

以上のように猟師鉄砲と猟師との関係を整理することができる。ところですでに紹介したとおり猟師を雇うことは村にとって相当負担になったようであり、先にあげた鎮目村の例では高橋村の猟師を頼むのに甲金十両に加え焔硝代も支払うことから「夫銭多難義仕候」ということになる。

このようにして雇った猟師ではあるが、宝暦三年「下津金村猪鹿多く猟師雇儀定」（須玉町史編さん委員会一九九八）には、「この春から下津金村にて猪や鹿による被害が急増した理由は、新町・長沢辺より西方の村々が猟師を雇い入れたためと判断できることから、当村でも今回は猟師を雇用することとなった」という主旨が記載されている。追い払われた猪や鹿が、ところを変えて隣村に出現するといった現象も起きていたのである。なおこの儀定書からは、次のような当時の興味深い実情も確認できる。

①従来の猪鹿追いは一晩四人ずつ、昼は二、三日置きに五、六人あて鉄砲で威す。焔硝代などの費用は田畑の蒔割り、人足は家別というのが前々からのやり方である

②猟師に支払う甲金二両の財源に関して、給金・扶持米については家別に三分五厘、焔硝代はこれまでどおり蒔割りとする

なお獲った猪鹿はどのように処理されたのであろうか。塚本学氏は前掲書で「猟師以外のものによる野獣銃殺を条件付で認めたとき、条件のひとつは、獣肉皮の利用を禁じ、埋めおくことを命じるものであった。猟師だけが、獣肉皮利用を許される」としている。このことは元禄十五年「猪鹿打留鉄砲拝借証文雛形」（富士吉田市史編さん委員会一九九四a）には、猪や鹿を討ち取った時にはすぐに御目付へ届け「可然所ニ深ク埋置、人者勿論犬ニ而も堀出し不申様ニ随分入念埋可申候、尤皮等さき又ハ食し候儀堅仕間敷候」と記載されていることからも理解できる。猟師とは「狩猟ニ而渡世送来り申候」とか「代々猟師ニ而、渡世送り来り申候」という者であり、鉄砲保持ができることと合わせて獣肉や皮を利用できるなどの特権が認められていたことが推測できる。

［鉄砲の「玉目」について］

明細帳では鉄砲数とともにその規格の表現として玉目、すなわち弾丸の重さが記されている場合も多くみられる。

表3　鉄砲玉出土例

	遺跡名	市町村名	出土場所	直径(cm)	重さ(g)	材質	時期	備考	図
1	武田氏館跡	甲府市	中曲輪平坦面	1.2～1.3			戦国		なし
2	〃	〃	〃	〃			〃		〃
3	〃	〃	27次	0.9		（銅）	〃		1
4	〃	〃	無名曲輪４トレ	1.1	7.0	（鉛）	〃		2
5	武田城下町遺跡	〃	ピット10	1.2			〃		3
6	二本柳遺跡	旧若草町	寺院１号溝上層	1.1	6.0		16C後半		4
7	深山田遺跡	旧明野村	２区試掘坑51	1.16	8.0	鉛	戦国	衝撃痕	7
8	金生遺跡	旧大泉村	Ｂ区遺構確認面	1.2	10.0		〃		5
9	〃	〃	〃	1.2	9.0		〃		6
10	日影田遺跡	旧高根町	包含層	1.19	6.0	鉛	戦国～江戸	欠損箇所	8
11	長峰砦跡	旧上野原町	堀切跡底	1.29×1.11	6.6	青銅	16C末	バリ跡	9
12	〃		〃	1.15	5.2	〃	〃		10
13	黒川金山	旧塩山市	Ｇ地点	1.3			16C末～17C初頭		11
14	〃	〃	〃	〃			〃		12
15	宮沢中村遺跡	旧甲西町	D-15、建物周辺	1.2	10.0	（鉛）	江戸後期		13
16	〃	〃	B-5、A層	1.0	4.9	〃	〃		14
17	藤田池遺跡	旧増穂町	水田	0.9	9.4	鉛	江戸後半		15

これは明細帳以外の鉄砲文書などにも共通する重要項目である。山梨県内の市町村史・誌などに掲載された村で、鉄砲の数が記載されている村は二百七十八ヶ村に及ぶ。これらの村が保有する鉄砲は、威筒・猟師筒・用心筒合わせて八百二十六挺を数えることができた。この八百二十六挺のうち玉目が記載されているものをまとめてみると、次のようになる（新津二〇〇四）。

二匁一挺、二匁一分一挺、二匁二分二挺、二匁五分三十二挺、二匁八分四十七挺、二匁九分一挺、三匁百八十四挺、三匁一分六挺、三匁二分十三挺、三匁三分九挺、三匁四分三挺、三匁五分三十挺

このように規格としては二匁～三匁五分まであるが、三匁が五十五パーセントと突出しており、次いで二匁八分（十四パーセント）、二匁五分（十パーセント）、三匁五分（九パーセント）となり、この四種で実に全体の九割近い数値となる。従って当時の鉄砲の玉の重さは、三匁を中心として二匁五分から三匁五分が標準であったということができる。このことの意味は、弾丸の材質が同じものであるならば大きさに比例することになり、明細帳記載の数値がどれだけ厳密であったかどうかの問題はあるとしても、鉄砲の筒の太さにも関係するのではないだろうか。

なお発掘調査により出土した弾丸についての報告もいくつかある。表3は山梨県内での報告書から抽出したデータであり、第2図はそれ

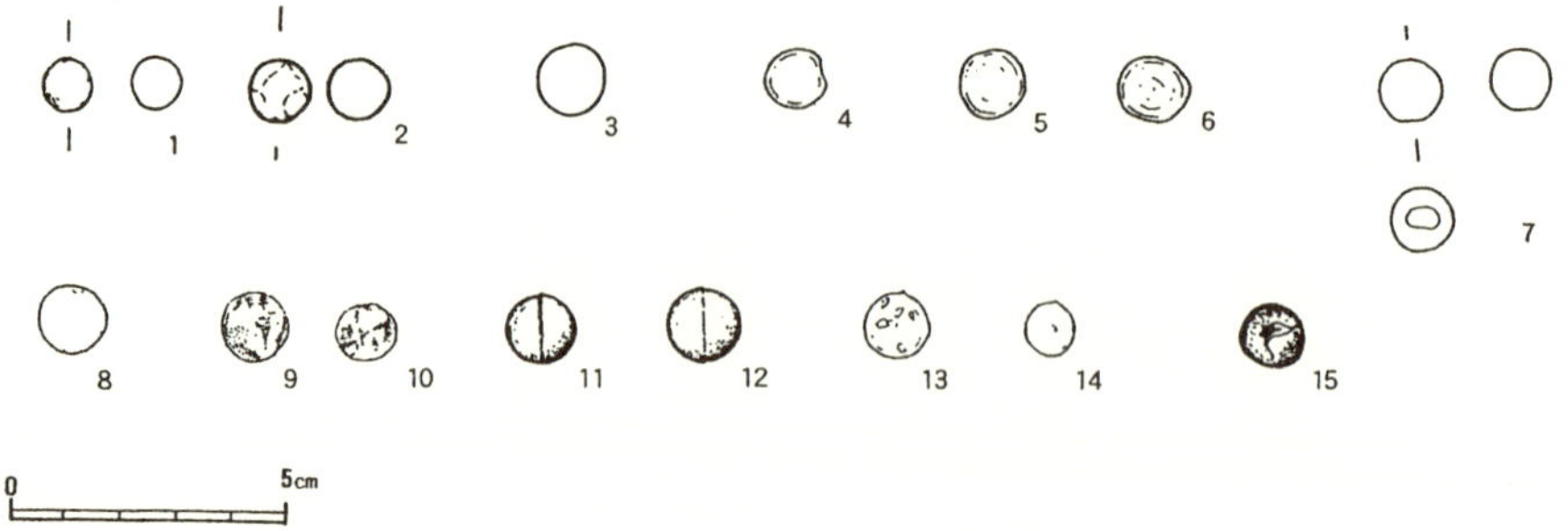

第２図　出土した鉄砲玉（表３参照）（新津2004より一部修正）

ら弾丸の実測図である。多くは戦国時代の事例であるが、これによると直径〇・九センチ〜一・三センチ、重さ四・九グラム〜十グラムの範囲である。この中で江戸時代の例としては宮沢中村遺跡と藤田池遺跡があり、一匁を三・七五グラムであるとして宮沢中村遺跡の一例が十グラムで二匁八分に近く、藤田池遺跡例が九・四グラムで二匁五分に換算できる。この数値は明細帳に記載された弾丸の重さと合致するとみてよい。ただ、江戸時代の明細帳に記載された各種の玉目について、制作技術上厳密に分類できたかどうかは検討の余地はあろう。

銃身の口径については、二匁玉筒が十一ミリ、三匁五分玉筒が十三ミリと言われている。出土した玉の直径を比較すると、表3の4番武田氏館跡例が七グラム（二・九匁）、直径十一ミリであることから二匁玉筒の規格に近く、二本柳遺跡例や深山田遺跡例もこれに近い。重さが不明であるものの、直径十三ミリの黒川金山例が三匁五分筒の可能性がある。また直径十二ミリである宮沢中村遺跡例（十グラム＝二・八匁）、金生遺跡例（十グラムおよび九グラム）については、中間の三匁玉筒とみることができようか。但し、直径と重さとの関係については材質や不純物の混入割合にもよることから必ずしも比例するものではなく、むしろ直径と銃身の口径との関連を重視すべきであろう。これは鉄砲と玉の鋳型との関係でもある。

ところで表3にある江戸時代と戦国時代とを比べると、弾丸の直径はさほど差はないものの、重さにおいては江戸時代の方が重い傾向がありそうだ。特に戦国期では一匁台という軽いものも認められる。長峰砦出土品について材質分析を試みた出月洋文氏は、戦国期の城跡からの青銅製弾丸の事例をあげるとともに、鉄砲玉用としての悪銭を用いる文献も紹介している（出月二〇〇〇）。このような材質と重量の関係も考慮する必要はある。

なお、鉄砲の筒長については都留郡下の村明細帳に記載されている例がある。これらによると、二尺一寸（享保五年戸沢村）から三尺八寸五分（天保九年平野村）までがあり、特に三尺から三尺三寸が多い。このことから最短六十三・六センチ、最長百十六・七センチであり、九十一センチ〜百センチが多いものと換算できる。現在に残っている火縄銃では、銃身六十センチ〜百十センチ、銃口一・一センチ〜一・四センチ位であることも参考にすると、明細帳記載の長さというのは、銃座を含めた全体ではなく筒の長さということになろうか。

（二）夫銭帳からみた鉄砲関連費など

村夫銭帳とは、村として行なった事業の経費を記載した一年間の支出帳簿である。道路工事や橋の架け変えといった公共工事、災害への対策費、村祭りや農耕儀礼にかかる費用、それに名主の給料などが含まれている。その記載の仕方については、郡や地域筋により異なっており、日を追って支出を細かく記入している例がある反面、事業の大項目の合計としてまとめてあるだけのものまで、さまざまなタイプがみられる。この中から猪鹿害に対する項目を抽出し、「猪鹿害防除代」として整理したものが表4である。この防除経費の多くは、鉄砲や猟師雇用にかかわるものであるが、耕作地に設けた番小屋関連費や、三峯神社への祈祷関連費も含まれている。猪鹿防除代の合計金額の次に記載した「比率」というのが、夫銭帳全体の金額に占める防除費の割合である。「比率」の項目の次に、支出項目としては高い比率を占める「名主給」、「祭礼費」（農耕にかかわる祭り、祈祷、勧化、代参などを含む）、「普請費」（川除、道路・用水の建設や維持管理などを含む）の額を参考として記入しておいた。その次の項の「合計」というのが夫銭帳全体の金額（一年間の村経費）である。なお防除費の比率については、後の項で詳しくふれる。

これらのデータは、刊行されている市町村史・誌に記載されているものを引用したが、一つの村にて複数が記録されている場合には、獣害対策の内容がよく理解できる史料あるいは経費の高いものを選択し、必要に応じて複数を取

表4　村夫銭帳からみた猪鹿防除代金（単位は国中が匁、都留郡が文）

	群名／筋	村　名	猪鹿防除代								名主給	祭礼合計	普請金等（川除、道、用水等）	夫銭帳の合計	年代	文　献
			焔硝代	火縄代	雇猟師	耳代	人足	その他	合計	比率						
国　中																
1	山梨／栗原	菱山村	26.55			76		97.07	199.62	8％	358.8	183.53	142.54	2,556.94	享和2	勝沼町史料集成　1973
			耳代猪4疋48匁（1疋12匁）鹿7疋28匁（1疋4匁）				三峯山猪鹿除御眷属八疋拝借御礼金并扶持方									
2	〃	山村	390	△			○	猪鹿防祭入用 12	402	15％		130.5	1168.25	2,661.5	文政6	〃
3	〃	下於曽村	○				○		380	7％		1483.6	752	5,420.37	文化7	塩山市史資料編2巻近世　1995
4	〃	西御屋敷村	64.7						64.7	1.6％	296	94.25	8両1分672.89匁	3,925.37	享保10	山梨市史史料編近世　2004
5	山梨／万力	下荻原村	○						24.52	8％	61.1	24		315.31	天保6	三富村誌上巻　1996
6	〃	正徳寺村	○				○		72	4％	歩行給72	33.6	561.7	1,699.9	文化2	山梨市史史料編近世　2004
7	〃	市川村						猪鹿追給金	245	16％	定夫給128	52.68	758.72	1,519.25	寛政10	〃
8	〃	別田村		1.5			78	猪鹿小屋2軒建設費　12.5	92	6％	174	6.59	502.09	1,541.38	元文2	春日居町誌　1988
			猪鹿追人足賃52人分1人5分宛、104人分1人5分宛													
9	山梨／北山	湯村	○	○	○		○		11.1	1％	104	116.84	130.65	1,247.32	元治元	甲府市史通史編2巻近世　1992
10	八代／大石和	東新居村	127.5		174				301.5		米2石1斗6升	18		金9両1分8匁	享保8	東新居村明細帳　一宮町誌　1967
			2月～10月　3挺の焔硝、一夜に30め（原文ママ）使用													
11	〃	狐新居村						（猪鹿追賃）	金1両	7％	金3両定夫賃共	金2分2朱	金1両銀8分	金13両　銀9匁8分	享保8	狐新居村明細帳　一宮町誌　1967
12	〃	門前村						（猪鹿出金）	21	10％	65.5	7		201	天明8	一宮町誌　1967
		門前村						（鹿負イ賃）	金1分		1両2朱	6	金2分150文銀3匁	金3両　銀1匁4分	享保9	門前村明細帳　一宮町誌　1967

13	〃	藤野木村				△		猟師鹿首代	3.5		金3両銭200文	1		金3両4分6朱　銀230匁3分5厘銭8貫25文	弘化3夏	御坂町誌　1971
14	〃	上黒駒村上組	○			○		含褒美	90.59	2％	140.36	115.8	509.2	3,794.12	慶応2夏	〃
			○			○		含褒美	161.24	5％	140.35	160.38	662.04	3,172.08	慶応2冬	
15	〃	上黒駒村下組	137.63		202.7		276威人件費	鉄砲修理　91.45褒美　336	1,043.78	38%	261	125		2,770.13	宝暦14	〃
16	八代／小石和	大野寺村	○	○	△		△		84.27	8％	192	215.37	119.5	1,035.64	天保6	〃
			年中猪鹿防賃金并えんしょう火縄代													
17	〃	下野原村	○						48	1％	144	24	480	4,522.24	万延2	〃
18	〃	蕎麦塚村						（鹿威入用）	10.35	0.3%	144	236.4	65	3,091.33	慶応元	〃
19	〃	高家村						（猪鹿追入用）	96	1％	240	278.72	858.5	8,034.26	文久4	八代町誌上巻1975
20	〃	米倉村						（猪鹿追賃）	48	3％	264	21.52銭172文	40.07	1,644.33	嘉永4	〃
21	八代／中郡	右左口村						（猪鹿打給）	373.57	11%	320.8	502.78	373.34	3,341.9	天明4	中道町史上　1975
22	八代／東河内	椿草里村						鉄砲札等旅費	5.4	5％	1石4斗4升			100.2	慶応元	身延町誌資料編1996
23	巨摩／北山	上今井村	36		156.5				192.5	68%		18		281.7	文化2	韮崎市誌資料編1979
			48	2.4		41			91.4	46%		33		197.8	文政6	
24	〃	三ツ沢村	○		○				51.4	17%		24.5		303.4	文化2	〃
25	巨摩／逸見	三之蔵村	69.2		○			猟師給米／猪鹿小屋　67.5	136.7	27%	24	60.8	121.3	511.6	文化8	〃
26	〃	上神取村	○	34	150（春彼岸より秋引作迄、米10俵分）				184	13%	144	56.6	429.48	1,434.11	明和3	明野村誌資料編1994
27	〃	江草村	64		120				184	10%		534.4	223.6	1,920.7	文政6	須玉町史史料編第2巻　1998
			9月分		4月晦日／麦作猪鹿喰荒ニ付猟師相頼ミ給金并ニ焔硝代								普請相談費			
			他に鉄砲証文関係の村役人寄合賄入用4匁8分、役所持参入用9匁あり													
28	〃	上津金村	猪鹿番賃（6箇所×2人×90日×3分）～小屋番あるいは見回り番と思われる						324	13%	68.17	24	1,408.5	2,498.32	延享2	〃

29	〃	穴平村	7月 56 翌1月 28.55						84.55	4%	米 12俵	52.86	671.5	2,248.56	文政2 7月～ 翌6月	〃
30	〃	松向村	○	○	○				50	9%	88	3	29.52	582.8	文化8	小淵沢町誌上 1983
31	巨摩／武川	大武川村	○		○				31.77	19%		36.41	7.12	169.78	明和7	白州町誌資料編 1986
32	〃	下教来石村	90		48				138	33%	140	46		418.4	文政4	〃
			4月～6月 35 8月～10月 55		鉄砲打賃 米4俵分						米10俵分					
33	〃	鳥原村	○及び弾						141.5	9%	81、米6俵	67	437	1,643	文化13	〃
34	〃	台ヶ原村						猪鹿防給	76	6%	144	271.17	144.92	1,322.64	文政3	〃
35	〃	武田村						猪鹿追賃他	149	13%	8俵		443.05	1,131.4	文化10	韮崎市誌資料編 1979
36	〃	芦倉村						猪鹿打賃	29.37	8%	144	21.95		349.48	天保5	芦安村誌
37	巨摩／西郡	平岡村			14				14	1%	192			1,332.56	文政6	櫛形町誌史料編 1966
38	〃	上一之瀬村	59		89			鉄砲修理 78	226	10%	100		1,145	2,190.08	天保9	櫛形町誌近世 1966
			153		80				233	16%	100		370.13	1,450.99	嘉永4	
39	〃	春米村	22.62		48		4.4	丸代 27 猪鹿番賃落36は翌子夫銭江出ス	102.02 (138.02)	4% (5%)	288	14.4	98.2	2,548.71	安永8	増穂町史史料編 1977
			＊焔硝代11/19～7/31が4.53匁、8/3～11月が18.09匁。猟師喜兵衛給金48匁8/3～11月。人足賃7/29～9/22の間、1夜1人2分宛。丸代は11/29～7/31、「猪2疋鹿1疋打候丸代」 ＊夫銭帳は安永7年11/19～8年12/5													
40	巨摩／西河内領	南部村	17.3		120.5		42.5		180.3	9%	179.81	403.6	237.7	2,023.13	文政2	南部町誌上巻1999
					2月猟師2人駿河より頼み											
41	〃	大和村					○	夜回り鉄砲 16 5／18	16	5%	10石8斗	15.91	98.8	294.18	文政11	〃
42	〃	塩沢村				12		打取り褒美 2月1ツ、11月1ツ	12	4%	10石3斗	53.45	123.13	324.67	弘化4	〃
都留郡		金額は金（両）と銭（文）とで表記されており、この一覧表では換算できる村については銭で表記する														
43	〃	成沢村	○	○					31,200	24%	6,400	65,560		132,604	安政2	鳴沢村誌1巻1988
44	〃	長池村	○	○					3,000	17%		6,000		17,550	天保13	山中湖村史1巻 1979

45	〃	平野村	○						3,200	18%		5,900		17,432	天保13	山中湖村史１巻　1979
46	〃	忍草村						猪鹿威代	9,000	15%		8,700		58,629	天保６	忍野村誌１巻1989
47	〃	上吉田村	○						3,500	１%	84,000	10,700		318,903	文化９	富士吉田市史史料編４巻　1994
48	〃	松山村	3,100					鉄砲打日用代　1,150	4,250	26%	3,600	2,200		16,655.2	寛政７	〃
49	〃	新倉村	○				○	手間賃	35,000	34%	２人　28,000	17,500		長銭　102,145	文化９	〃
50	〃	大明見村	5,385					猟師雇及び飯米共一式　３月～５月、８月～10月　10,083	15,472（ママ）	43%		1,548		長銭　36,319	延享３	〃
51	〃	小明見村	4,616		○			猟師飯米　7,644	12,260	37%		5,100		33,172		
			塩硝20斤半（１斤224文）					正月～９月迄猟師３人、203人の１人宛５合扶持							享保17	〃
52	〃	小沼村	○						64,150	９%	２人　35,250	46,252	101,400	714,700	天保元	西桂町誌資料編２巻　2002
53	〃	小形山村	○					玉、玉薬、手間	6,400	11%		4,700		56,840	天明２	都留市史資料編近世　1994
54	〃	大月村			○			猟師給金並諸入用	10,355	６%	6,700	31,047	36,176	163,608	文政８	大月市史史料編　1976

表5　諸職人賃金

名　称	延享4／1747 上塩後村諸色値段	寛政10／1798 白須村夫銭帳	天保13／1842 4月 綿塚村年番明細帳	天保13／1842 4月 甲府三日町諸商物値段	元治元／1864 諸職人賃金取定帳
勝沼伝馬人足	1匁				
大　工			甲銀1匁	作料　1匁2分 飯料共1匁8分	甲銀　1匁5分（内3分今般相増） 飯代1日8分（内2分今般相増）
左　官			1匁2分		甲銀　1匁8分（内3分今般相増） 飯代1日8分（内2分今般相増）
屋根葺			1匁		甲銀　1匁4分（内3分今般相増） 飯代1日8分（内2分今般相増）
石　工			1匁		甲銀　1匁5分（内3分今般相増） 飯代1日8分（内2分今般相増）
桶　屋			1匁		甲銀　1匁5分（内3分今般相増） 飯代1日8分（内2分今般相増）
杣木挽			1匁		甲銀　1匁5分（内3分今般相増） 飯代1日8分（内2分今般相増）
九六鍬			1匁		甲銀　1匁5分（内3分今般相増） 飯代1日8分（内2分今般相増）
川除石積人足		1匁			
川除人足		1匁			
堰普請人足		1匁			
橋懸替		1匁			
山道作		1匁			
表具職				手間料1匁1分 飯料共1匁7分	
柿　職				手間料1匁1分 飯料共1匁7分	
板屋根葺				手間料1匁1分 飯料共1匁4分	
塗物職				手間料1匁1分 飯料共1匁7分	
指物職				手間料1匁1分 飯料共1匁7分	
日　雇				手間料1匁4分 昼飯差出1匁1分	

表6　諸色相場（銀・銭）

年　代	享保14／1729	享保18／1733	延享５／1748	宝暦６／1756	寛政８／1796	弘化２／1845	安政２／1855
文　献	1	2	1	2	3	3	4
中米　１俵（３斗６升）	甲銀　14匁５分	甲銀　25匁	甲銀17匁４分	甲銀17匁７分６厘			銀20匁８分（白米）
中小麦　１俵	９匁８分６厘	19匁２分	12匁４分８厘	15匁１分２厘			
中半紙　１束	１匁１分～同３分	２匁２分	２匁３分	２匁３分			
五寸釘　百本	３匁４分	４匁	５匁１分	５匁１分			
中諸白　１升	１匁	１匁	１匁４分２厘	１匁１分５厘	文銀１匁５分５厘～１匁８分６厘（諸白）	文銀１匁９分２厘～２匁７厘（諸白）	
中片白　１升	５分	６分	８分５厘	７分	７分７厘～１匁（片白）	１匁３分９厘～１匁６分１厘（片白）	
中味噌　１斗	５匁５分	５匁（１斗？）	７分１厘（１升）	７分（１升）			
中醤油　１斗	７匁５分	５分（１升）	１匁７厘（上１升）	８分（１升）	６分２厘～１匁３分１厘（醤油）	５分５厘～２匁（醤油）	
燈　油　１升	３匁３分	２匁８分	４匁９分７厘	４匁	４匁９分８厘	４匁６分７厘	
胡麻油　１升	３匁７分	３匁２分	５匁２分５厘	４匁３分	５匁３分３厘	５匁２分７厘	
豆　腐　１丁	12文	11文	20文	16文	20文	28文	24～25文
藁草履　一足	６～７文	６文	６～８文	６～８文			
下　駄　一足	14～16文	14～16文	28文（中下駄）	22～24文（中下駄）			
松木薪　百束	13匁７分	13匁	16匁	15匁３分～５分	16匁５分	24匁	
川浦炭　１俵	１匁４分	１匁３分３厘	１匁６分７厘	１匁５分２厘～７分６厘	１匁３分６厘	１匁７厘	
北山炭　１俵	４分	４分	－	４分８厘			

文献

1　享保14年諸色相場書、延享５年諸色相場書　『甲州文庫史料』第３巻　1974

2　享保18年諸色相場書、宝暦６年諸色相場書留　『甲府市史』史料編第３巻近世Ⅱ　1987

3　『甲府略志』名著出版　1974復刻

4　帯金村夫銭帳『身延町誌』資料編　1996

り上げた例もある。

金額の単位については、国中（甲府盆地を中心とした地域の呼び名）では「匁」（銀の単位）が基本的であるのに対して、郡内（富士北麓およびそこから流出する河川沿いの地域など）では「文」（銭の単位）で記載されている。このため表4では、国中を「匁」、郡内を「文」で表わすこととした。以下の文章内でも、特に断わりのない場合は匁は銀、文は銭の単位を表わすものである。

ここで猪鹿防除費を実感するため、当時の物価についてふれておこう。国中での「銀」を中心としたものであるが、表5には職人の賃金、表6には食品や消耗品の一例を示しておいた。もちろん江戸時代をとおして安定した物価ではなく、特に幕末に近づくに連れて値上がり傾向にあることがこれらの表からわかる。まず銀一匁というのはどの位の価値であったのだろうか。表5からは、諸職人の一日当たりの賃金がだいたい一匁であり、幕末には一匁五分から一匁八分と値上がりしていったことがわかる。なかでも左官の賃金がやや高い傾向にあったようだ。銀と銭との換算率も固定していたものではなく、享保年間では銀一匁が銭八十一文ほどであり、宝暦頃では百八文ほど、万延年間になると百五十六文ほどとなっている（新津二〇〇七a）。

では諸職人の日当である銀一匁という金額はどれほどの価値があったのだろうか。表6の「諸色相場」からみると、米については中米一俵（三斗六升入）が十五匁～二十匁であり、十五匁とした場合一匁にて二升四合が買えることになる。また、中諸白すなわち並の清酒一升がちょうど一匁である。豆腐は銭十一文から二十文前後であり、一匁では六～七丁の豆腐が買える値段ということになる。現在にくらべれば清酒や豆腐は大変高額であったことがわかる。

このような賃金及び物価の体系の中で、猪鹿防除費がどの程度であったのか表4、表5を参考にしながら、鉄砲関係、猟師雇用関係、獣追い人足関係、その他の順でみていこう。

［鉄砲関連経費］

まず鉄砲にかかわる経費としては、焔硝代と火縄代がある。特に焔硝代については多くの村で記載されている。この場合、村人が交代で行なう「威鉄砲」に用いられる焔硝代を意味することが多いものと推測できる。猟師が行なう威しや退治については、猟師を雇い入れる契約に含まれる場合も多い。表4にある（27）江草村の、威焔硝代六十四匁とは別に「麦作猪鹿喰荒ニ付猟師相頼ミ給金并ニ焔硝代」として百二十匁が支払われていることは、このようなケースである。

では、実際に焔硝代はどの位の金額であったのだろうか。もちろん年により猪鹿の出現程度が異なったり、また物価相場が一様ではなかったことも考慮せねばならないが、国中での最高は（2）山村の文政六年に費やされた三百九十匁である。これには火縄代も含まれている可能性もあるが、この年の村支出総額二貫六百六十一匁五分に占める比率として十五パーセントにもなる。百匁を越える例では、（10）東新居村、（15）上黒駒村下組、（38）上一之瀬村などがあり、少ない事例では（40）南部村の十七匁三分である。やはり五十～九十匁が一般的のようであり、平均で八十六匁ほどである。都留郡内では、天保元年（52）小沼村にて銭六万四千百五十文、安政二年（43）成沢村が火縄と合わせて、三万一千二百文と突出しており、特に成沢村では総支出の二十四パーセントを占めている。他の村では概ね三千～五千文である。銀（匁）と銭（文）との換算は、金一両と銀及び銭との相場によるもので時期により一定ではないが、享保頃での小判一両＝銀五十八匁、甲金一両＝銀四十八匁、天明から文化／文政頃での小判一両＝五千六百～七千文という数値を参考にすると（新津二〇〇七a）、銀一匁が銭九十六～百二十文となる。仮に銀一匁を銭百文とすると、銭三千～五千文は銀三十～五十匁となり国中の事例ともあまりかけ離れてはいないことがわかる。なお成沢村での焔硝代は三百匁前後に換算でき、国中での高比率に該当する。

それでは、このような焔硝の消費はどの位であったのだろうか。享保八年（10）東新居村では二月から十月の間に三挺の鉄砲にて一晩三十目消費したと記録されている。とすると鉄砲一挺一晩で十目ということになる。東新居村の年間消費する焔硝代が百二十七匁五分ということであるが、これがどの程度の焔硝に該当するのかは記録されていないものの、各村の平均よりも多い金額である。

焔硝の具体的な価格について享保十七年（51）小明日見村夫銭帳には、焔硝二十斤半で銭四貫六百十六文、一斤あたり銭二百二十四文と記されている。享保十五年での銀一匁＝銭八十一文を参考にすると、二百二十四文はおよそ銀二匁八分に換算できる。重さ（衡）の単位については中・近世をとおして一斤＝百六十匁が一般的であり、江戸時代正徳二年刊行とされる「和漢三才図会」でもそのことが記されている。さらに明治以降の度量衡制度では一斤＝六百グラムとされている。従って一斤＝百六十匁＝六百グラム、すなわち重さの単位としての一匁は三・七五グラムということである。享保年間での金額にあてはめてみると、一斤（百六十匁あるいは六百グラム）が銭二百二十四文（銀二匁八分）ということからは、銀一匁にて約五十七匁（約二百十四グラム）の重さの焔硝が購入できたことになる。

そこで東新居村夫銭帳に書かれた一晩三十目を三十匁と解釈してよいとすれば、東新居村にて消費された一晩当たり三十目の焔硝とは百十二・五グラムに換算できる。金額については小明見村の例での一斤（重さ百六十匁ないし六百グラム）＝二百二十四文（銀二匁八分）を参考にすると、焔硝三十目の金額はおよそ銀五分三厘（一目＝約一・七五厘）となる。一晩一挺で用いたという十目（三十七・五グラム）の焔硝代金は銀一分七厘五毛である。さらにこの村にて年間の焔硝代が銀百二十七・五匁であることから単純に計算すると、七千二百六十八目（四十五・四斤＝二十七・二キログラム）の量の焔硝が消費されたことになる。この日数については、二月から十月という最大九ヶ月であり毎晩三十目使用するということからこれも単純に二百四十二日分（月平均二十七日分）という計算になる。この九ヶ月間同じ比率で威鉄砲を使用したというよりも、農繁期とそれ以外の時期とでは当然密度が異なっていたことは確かであろうが、同じ享保年間における東新居村と小明見村の事例から、上記のような焔硝消費の状況が推測できる。

季節による焔硝消費の差については、安永八年（39）春米村夫銭帳に十一月十九日～七月三十一日が四匁五分三厘、八月三日～十一月が十八匁九厘と記載されており、一年のうち上半期よりもみのりの時期である秋を含む下半期に、多くの焔硝が消費されていることがわかる。ちなみに先の小明見村での焔硝代金を参考にすると、四匁五分三厘とは一・六斤＝九百六十グラム、十八匁九厘とは六・四四斤＝三・八六キログラムの焔硝代金ということになる。特に六・四四斤という量については、一月当たり二十七日として四ヶ月間（八月初旬〜十一月末）消費するとした場合、一日当たり十匁の量の焔硝となり、先の小明見村の事例にある鉄砲一挺一晩での量と共通し、農繁期における焔硝消費量を考える上で参考になる。

なお同じ消耗品でも弾丸についての記載は少ないが、(53) 小形山村では「玉、玉薬」と合わせて記入されており、(33) 鳥原村でも同様である。また春米村では「猪弐疋鹿壱疋打候丸代」とあり、弾丸代というよりも耳代としての意味合いが窺われる事例もある。

次に焔硝の購入先についてふれておこう。『甲府略志』に掲載されている「嘉永七年寅年版甲府獨案内」「元治元年六月甲府町方取扱帳商人職人仲間」（甲府市一九七四）には、甲府城下に二軒の焔硝屋があったことが記載されている。この焔硝問屋にて仕入れられた焔硝が、各地域の小売店で売られたと思われる。このことについて、千曲川源流に当たる現在の長野県川上村域での江戸時代の夫銭帳に興味深い記録が残されている（川上村誌刊行会一九九三〜二〇〇三）。この地域は甲斐国とは奥秩父山地を挟んで位置することから、甲府や巨摩郡とは商業圏としても密接な関連があるところでもある。この地域の村の一つ御所平村享和二年夫銭帳には、十二月九日払いの焔硝代一分二朱について次のような記載されている。

「是ハ、去酉八月中、猪・鹿おどし焔生代、甲府竹島屋佛」（川上村誌刊行会一九九三）

このことから、この年は直接甲府の焔硝問屋から火薬を仕入れたことが窺われる。この火薬は、夏のみのりの際に猪や鹿を追い払った威鉄砲に用いたものであり、その代金として金一分二朱を支払ったのである。川上村域の江戸時代には、この御所平村をはじめとして梓山、秋山、居倉、大深山、原、川端下《かわはげ》、樋沢の八ヶ村があった。千曲川に沿った山間部の村であり、猪や鹿の害も多く各村の夫銭帳にはその対策経費が毎年載せられている地域でもある。これらの夫銭帳に記載された焔硝購入先には次のような名前が載せられている。

新太郎（原村）、武左衛門（海尻村）、永蔵（馬流村）、百助（秋山村）、新兵衛・長右衛門（御所平村）、平一郎・元吉（居倉村）、義右衛門（大深山村）

特に百助は「農間少々宛商ひ仕」という兼業農家であり、紙、釘、蝋燭、酒、のり、茶などを扱っていたことが記載されている。元吉宅でも釘、ぞうり、縄、蝋燭、たわら、細引などの日常品を、義右衛門宅でも酒や蝋燭を扱っていた。このような日常品を扱う雑貨店にて焔硝が扱われており、状況に応じて自分の村あるいは隣村の商店から焔硝を購入していたことが窺われる。これらの焔硝の仕入れ先の一つが甲府の問屋であったわけであり、夫銭帳に記載されている金額の単位が銀（匁）が多いことも、銀使いを基本とした甲府盆地との関連を裏付けることにもなる。

信濃国での事例ではあるが、甲斐国内の村々においても村内あるいは隣接村の小売兼業農家から焔硝を購入していたことが考えられ、時にはその仕入れ先である甲府の焔硝問屋にも出向いたこともあったのかもしれない。

最後に鉄砲修理のことについてふれておこう。このような修理についての記載は、宝暦十四年（15）上黒駒村下組、天保九年（38）上一之瀬村にみられる。前者が銀九十一匁四分五厘、後者が銀七十八匁とある。特に上黒駒村下組では当年の猪鹿防除代金の総額が銀一貫四十三匁七分八厘にもなり、村経費のなんと三十八パーセントも占めるという獣害激しい年でもあった。使用頻度が高かったための、鉄砲消耗に伴う修理ということも考えられる。鉄砲修理に関しては、天保期徳和村年中規定書に「一　鉄炮修復は持主、人足ハ村、然共村用ニ而損候ハバ村修復」（三富村村誌編纂委員会一九九六）とあることから、威しなどによる共用による損傷は村夫銭にて修理ができることとなっていたと解釈できる。このような結果が、前述の二ヶ村での事例なのであろう。なお、このような規定書の背景には個人が勝手に修理や改造を行なってはならないという規制があったことはすでに紹介した。浅尾新田村にて、威鉄砲当番が巡ってきた友兵衛なる鋳物師が、破損した鉄砲の修理をしたところお咎めを受けたこと、西野村の鋳物師が鉄砲修理の吟味を受けたことからもわかるように、一村民が勝手に鉄砲修理を行なうことは固く禁じられていたのである。村共用としての公的な背景のもとのみ修理が可能であることから、夫銭帳に記録されることとなったのであろう。このような村預かりという性格の強い鉄砲であったことから、所有が許可された証として村には鉄砲札が残されることになる。慶応元年（22）椿草里《つばきぞうり》村には、旅費として甲銀五匁四分が記されている。この旅費の内訳については、「五人組帳宗門帳夫銭帳猟師筒證文差上候節参府仕候入用」「猟師鉄砲御官札御下渡し被下置候節参府仕候入用」とある（身延町誌資料編編さん委員会一九九六）。やはり公的な書類提出の一つとしての猟師鉄砲札の申請・受取の旅費であろう。本来鉄砲所持が許された村では、毎年このような役所までの旅費が計上されているはずであるが、実際には他の公用旅費と一括されていることも多い。

［猟師雇い］

村で預かっている威鉄砲により、村人が交代しながら毎晩猪や鹿を追うことが一般的であったが、これはあくまでも音により追い払うことであり、害獣そのものを殺傷する行為ではなかった。幕府の方針として、猟師以外の者が鳥獣を狩りすることは禁じられていたためでもある。このため、実際の退治には猟師がこれに当たることになる。村明細帳には村保有の鉄砲として、威鉄砲の他に猟師鉄砲と番所などに配備された用心鉄砲の数が記載されていた。このうち猟師鉄砲と猟師雇用の関係については、次のように分類できた。

1　村に猟師鉄砲があり、しかも猟師が在住しているケース
2　村に猟師鉄砲があり、猟師を雇うケース
3　村に猟師鉄砲がなく、猟師を雇うケース
4　村に猟師鉄砲がないものの、猟師が在住しているケース

以上の内、夫銭帳に記載されている猟師を雇う費用については、主に2と3とが該当するのであろう。ただし1や4についても報酬がまったくなかったというのではなく、後でふれる耳代あるいは威代といった見返りがあったこと

は十分に考えられる。

それでは猟師を雇う費用がどのくらいであったのか、表4の村夫銭帳からみてみよう。ここにはその費用として銀十四匁（平岡村）から銀二百二匁七分（上黒駒村下組）までが載せられている。その費用の差は、猟師の人数や期間さらにはさまざまな条件の違いに基づくものと考えられることから、それらの内容についてのデータを追ってみよう。

まず享保八年（10）東新居村では百七十四匁となっている。また焔硝代としても百二十七匁五分とあり、注記として二月から十月まで三挺の焔硝とあるが、これについてはすでに前項の［鉄砲関連経費］のところでふれたとおりである。この焔硝代は村人による威鉄砲用の可能性があるものの、仮に猟師鉄砲にかかわるものとした場合次のことが考えられる。

①一挺当たり四十二匁五分の焔硝代となること

②雇用期間は、種まきが始まる前から収穫が終了するまで八ヶ月～九ヶ月であること

③三挺ということから猟師は三人雇用し、一人につき五十八匁支払ったこと

ただしこのデータからは、二月～十月の実働日数と全体で使用した焔硝の量や単価については触れられていない。しかし前項でみたように東新居村の銀百二十七匁五分という焔硝代金は、約二十七・二キログラムの量の焔硝に該当することになるとともに、この日数については二月から十月という最大九ヶ月であり、毎晩三十目の量を使用するということからこれも単純に二百四十二日分（月平均二十七日分）という計算になった。

次に猟師一人当たりの単価については、（40）南部村の事例もある。ここでは猟師の雇用に百二十匁五分が費やされており、「二月猟師二人駿河より頼み」とある。単純に考えると一人当たり六十匁二分五厘という金額になる。この数値は、百年ほどの時代差はあるものの先の東新居村での単価と類似した金額となる。やはり雇用の期間は東新居村と同様に、種まき直前から収穫までの間の可能性は強い。なお十七匁三分と少ないながらも焔硝代が記載されているが、これは威鉄砲用の焔硝であろう。南部村は、威鉄砲一挺保有の村であることが明細帳からわかる。追い払いの

人足代四十二匁五分も費やされているが、これも威しのための人件費と思われる。こうしてみると、雇用賃百二十匁五分とは焔硝代も含んでの値段であったとみてよいのではないか。

なお、南部村は甲斐国南端の村であり、隣の駿河から猟師を雇うという県境の地域の特徴がよく表われている。

猟師一人の単価の事例は他に安永八年（39）春米村にあり、ここでは喜兵衛という猟師一人の給金に銀四十八匁が支払われている。期間は八月三日から十一月とあることから、作物が大きく成長する夏場から秋の収穫時期ということになる。東新居村での八ヶ月で一人五十八匁（月七匁二分五厘）に比べると五十年ほど後である春米村では三ヶ月で一人四十八匁（月十六匁）と割高ではある。さらに四十年ほど下った文政四年（32）下教来石村では、人数は記されていないものの猟師雇用に四十八匁が支払われている。春米村例を参考にすると、これは下半期の一人分の可能性がある。この四十八匁は米四俵分とあることから、一俵当たり銀十二匁になり当時の物価を考える上で参考になる。先にふれたように諸色相場のうち中米一俵が銀十四匁から二十匁であることから、これよりやや低い金額である。

幕末期の（38）上一之瀬村では八十九匁や八十匁となっているが、単価からすると春から秋までの八ヶ月間の一人宛と見てよいのではないか。

これに対して（26）上神取村の百五十匁は、春彼岸より秋引作迄、米十俵分とあり、これは二人分ではないかと思われる。（23）上今井村の百五十六匁五分というのも同様な事例であろう。また宝暦十四年の（15）上黒駒村下組では二百二匁七分という、最も高額が支払われている。三十年ほど前の元文五年明細帳では上黒駒村には二挺の猟師鉄砲、八挺の威鉄砲があることから猟を営む者が複数居住していたことがわかる。またこの宝暦十四年は猪鹿対策費が何と銀一貫四十三匁七分八厘も費やされており、村夫銭全体の三十八パーセントにも及んでいる。この年の獣害のすさまじさを物語るものであり、特に猟師雇い費も多くかかったということであろう。

文政六年（27）江草村では百二十匁が支払われているが、これには「四月晦日、麦作猪鹿喰荒ニ付猟師相頼ミ給金并ニ焔硝代」とあり、麦畑を獣害から守るための猟師雇いとそれに伴う火薬代金ということになる。短期間でありし

表7　猟師賃金（夫銭帳・明細帳・その他の史料）　　特に記載していない金額単位は銀・匁

夫銭帳									
村　名	雇用経費	銀換算推定	期　間	人数	一人単価	月一人単価	耳　代	備　考	年
東新居村	174		2月～10月	3	58	7.25		8ヶ月間か	享保8・1723
上黒駒村下組	202.7								宝暦14・1764
上今井村	156.5								文化2・1805
上神取村	150		春彼岸～秋引作						明和3・1766
江草村	120		4月晦日						文政6・1823
下教来石村	48		（4月～10月）	（1）	48	8			文政4・1821
平岡村	14								文政6・1823
上一之瀬村	89								天保9・1838
春米村	48		8月～11月	1	48	16		3ヶ月間か	安永8・1779
南部村	120.5		2月より	2	60.25	（7.5）		8ヶ月として	文政2・1819
勝山村	1両2分								安永5・1776
大明見村	10,083文	124匁位	3～5、8～10月			（37.6）			延享3・1746
小明見村	7,644文	94匁位	1月～9月	3	2,548文	（283文）			享保17・1732
大月村	10,355文	90匁位							文政8・1825

明細帳									
村　名	雇用経費	銀換算推定	期　間	人数	一人単価	月一人単価	耳　代	備　考	年
牛奥村	（5両）						猪1疋金1分		享保9・1724
水口村	甲金3両／扶持米6俵	144匁＋6俵		1	144他		1疋甲金猪1分（12匁）鹿2朱（6匁）		文政5・1822
鎮目村	甲金10両	480匁		（1）				高橋村猟師半之丞　玉薬代共	天明4・1784
松本村	558匁5分								延享2・1745
亀沢村	甲金1両／麦籾17俵	48匁＋麦籾17俵		1	48他		1疋　7匁5分	甲金1両は塩硝代	延享3・1746
宮窪村	年2～3両	96～144匁					甲金2朱～1分		延享3・1746
上条南割村	扶持米年5俵						1疋　金1分		延享2・1745
秋山村	94匁							猪威猟師給金	安政4・1857
大塩村							猪鹿1疋銀6匁	御公儀より褒美	享保18・1733
福士村							猪1疋新銀3匁、鹿1疋新銀1匁	褒美	享保20・1735
万沢村	200～260・270匁							威鉄炮之内猟師抱置	享和2・1802

その他(請負証文等)									
村　名	雇用経費	銀換算推定	期　間	人数	一人単価	月一人単価	耳　代	備　考	年
千野村	甲金２分金２分計１両	24匁＋29匁	８月14日～秋作引取	1	53		なし	辰五郎	享和２・1802
大窪村	甲金１両	48匁	４月～大小豆引取迄	1	48			八郎右衛門	寛政８・1796
藤垈村	甲金３分	36匁	４月17日～５月12日	1～2					文化10・1813
上今井村	12俵（大麦６粟６）		正月～12月				猪鹿１丸甲銀２匁	三ツ沢村猟師太兵衛	享和４・1804
柳平村	５俵（麦2.5、粟2.5）						猪１疋５匁、鹿１疋３匁	三ツ沢村猟師	寛政９・1797
下津金村	甲金２両	96匁	夏～秋作引取	（1）	（96他）			３ヶ月位か	宝暦３・1753
東向／小倉	甲金２両、米２俵	96匁＋２俵	３月～秋作引取	1	96他		猪鹿１疋甲２朱	江草村猟師林右衛門	安永５・1776

かも高額であることから、複数の猟師を雇用したのであろう。なお同じ文政年間の江草村明細帳では威鉄砲三挺、猟師鉄砲七挺の保有が記録されていることから、江草村には猟師を稼業としている者が多かったものとみられる。これらの猟師は、後述するように近隣の村からも依頼され狩猟を行なうこともあったようだ。

都留郡内の事例もある。享保十七年（51）小明見村にては正月から九月迄猟師三人分の賃金として七千六百四十四文が記されている。九ヶ月分とすると、一人二千五百四十八文、単純に一ヶ月当たり約二百八十三文という計算になる。但「二百三人一人宛五合扶持」とあることから、正月から九月までの期間全て三人で追い払うのではなく、期日を限り交代で行なったとも考えられる。そうした場合延べ二百三人ということになり単純には九ヶ月の間に一人約六十八日実働、つまり一日当たり二千五百四十八文÷六十八日＝三十七・五文という賃金計算になる。仮に銀一匁＝八十一文とすると、一日につきおよそ銀四分六厘、一ヶ月換算十匁～十三匁となる。これは国中の一ヶ月間と比べて単価としてはほぼ平均的な金額と言える。

小明見村に隣接した（50）大明見村でも延享三年には一万八十三文が費やされている。これはおよそ銀百二十四匁に換算でき、国中の春から秋までの一人半から二人分に相当する額に類似する。

以上の各地の事例から考えると、一人半期で四十～五十匁、春から秋まで通して六十～八十匁という金額になろうか。雇用した猟師数は、一人～

三人とみられる。そして平岡村のように十四匁という小額については、特定の期間のみという事例であろう。

なお、以上の猟師雇用にかかわる賃金のみを抜き出したのが表7であるが、この一覧表には、夫銭帳だけでなく明細帳や猟師請負証文などに記載された猟師賃金もまとめてみた。夫銭帳からみた猟師賃金の状況は上記のとおりであるが、明細帳や猟師請負証文などの事例も参考にすると、次のようになる。

まず明細帳では雇用期間が明記されている事例はないものの、山梨郡水口村では一人の猟師に対して甲金三両と扶持米六俵、巨摩郡亀沢村が同じく一人に麦籾十七俵と焔硝代甲金一両と記されている。仮に甲金一両＝銀四十八匁とすると水口村が銀百四十四匁と米六俵、亀沢村が麦籾十七俵と銀四十八匁が支給されることになる。さらに実績に応じて耳代も加わることになり、夫銭帳の記載額よりも高額な傾向がみられる。人数不明ながらさらに顕著なのは、鎮目村の甲金十両、松本村の銀五百五十八匁五分である。特に鎮目村では高橋村猟師半之丞という猟師名が記されており、これに対して十両となっている。天明四年という時期を考慮しても一人にこの金額では高額すぎることから、あるいは複数いる高橋村猟師の代表が半之丞ということかもしれない。さらには、明細帳の性格から村に有利な書き方がしてあるということも有り得よう。秋山村、上条南割村での負担額については夫銭帳と類似した金額である。なお耳代については後述する。

最後に表7の後半部にまとめてある請負証文などの金額をみてみよう。実際には村と猟師との間で結ばれたこのような証文が、その内容を知る上で重要である。まず山梨郡千野村にて享和二年に辰五郎と千野村の名主ら役人との間でかわされた請負証文がある（塩山市史編さん委員会一九九五）。契約は、八月十四日から秋作終了までの間（十月末から十一月初旬頃までか）、「夜分之義ハ別而耕地猪鹿出口相防キ、昼ノ義も御村内小物成之内見廻り」といった猪鹿害防除について、焔硝代手間代合わせて一両（甲金二分、金二分）で請負という内容である。三ヶ月程度の下半期で一両とは、猟師にとって好条件である。しかし昼夜の勤務となれば重労働であり、一人の猟師でこのような見廻りが可能であったのか考える余地はある。

巨摩郡逸見筋の東向《ひがしむき》村及び小倉《こごえ》村は隣合った村であるが、この二村が一緒になって、安永五年に江草村猟師である林右衛門と契約を交している（須玉町史編さん委員会一九九八）。その内容は三月から秋作終了まで二村内にて猪鹿を防ぐもので、甲金二両、扶持米として米二俵を要求するといったものである。

小倉村からさらに奥まった下津金村の猟師雇議定書では、夏から秋作終了迄「毎日無油断分内山々無残相廻」ことを条件に、給金・扶持米・焔硝代込みで甲金二両を支払うことが論議されている（須玉町史編さん委員会一九九八）。この議定書は、これまで村人の交代制にて毎夜一晩四人ずつ、昼間は二〜三日置きに五〜六人で猪鹿追いを行なってきたが、これでは被害を防げなくなってきたことから、年度途中ではあるものの急遽猟師を雇う必要性が生じたための定め書きである。すでにふれたようにこの夏になって猪や鹿が急増した原因が、隣村にて猟師を雇ったことによるというのも、村単位での防除策がそれぞれ効果をあげていたことになるが、隣り合った村での競合にはすさまじさも感ずる。

以上の千野村、東向／小倉村、下津金村での雇用条件を比較してみよう。まず金額の面では、後半期で一両の千野村と農繁期を通して二両＋米二俵の東向／小倉村では、同程度の比率とみてよい。この点、下津金村の後半期二両というのは割高である。不測の事態による雇用理由及び猟師雇用の近隣村との関連から高額となった可能性はあろう。なお八代郡小石和筋大窪村では四月の契約日から「大小豆引取候迄」の追い払いで、火縄及び焔硝代込みで甲金一両とあり、これは格安である（境川村一九九〇）。

高額という点では、八代郡中郡筋藤垈《ふじぬた》村の二十五日間で甲金三分というのがある。これは四月十七日から五月十二日という期日を細かく規定していることで珍しい事例でもある。恐らく作物の植え付けあるいは麦の収穫にかかわる集中的、緊急的な要素の高い防御であったのであろう。ここでは請負人と証人とがいて、契約文面では「私共」という表記があることから、甲金三分は二人分の賃金である可能性もある。それにしても高額ではある。

次に労働条件である。千野村では夜分は耕作地を見張り、昼は畑周辺の山林での見廻り、という昼夜を問わない防除が期待されている。東向／小倉村では特に昼夜の細目は記されてはいないものの「万一耕作格別猪鹿ニ為荒申候者御相談を以、右定之内御引被遊候共申分無御座候」とあり、全面的に被害を防ぐことが条件となっている。さらに下津金村では「壱組ニ而一夜四人づヽ、ニ而鉄砲はなし毎晩防、其上昼追之儀者、三組一同ニ而二三日置ニ五六人宛ニ而、分内之山々不残鉄砲はなし防来り申候」という村人の行為に代わるものとして、猟師を雇うこととなったわけであり猟師の役割はきわめて重い。

このような事例から、村での猟師雇用に対する村の負担は非常に多いものであるが、猟師の側からみると現金収入や扶持米さらには耳代も加えそう悪くはない条件とみてよいだろう。但しすでにみたように諸職人賃金（表5）と比較すると低く、労働の内容は昼夜を問わない厳しいものであったことも確かであろう。

なお契約上は一人の猟師となっているものの、それで被害を防げ得たのであろうか問題は残る。ちなみに、夫銭帳の事例としてあげた南部村では銀百二十匁五分の給金で二月から二人の猟師を雇っていることは参考になる。下津金村での緊急性はわかるものの後半期で甲金二両というのは高額であることから、やはり複数の猟師がこれに当たったとみた方が自然である。また東向村／小倉村との契約者は江草村の林右衛門なる猟師一人であるものの、仕事の内容も考慮すると実際には複数の猟師の可能性が高い。ちなみに江草村では、明和四年の鉄砲証文に猟師鉄砲を所有する七名の名があげられており、文政四年明細帳でも猟師鉄砲七挺が記されている。このことから江草村には狩をもって渡世とする猟師が七名いたことがわかり、これらの猟師がチームを組んで猪鹿害を防いでいたと考えたい。

ところで、賃金よりも扶持米で支払う場合もあったようだ。同じ巨摩郡でも北山筋の柳平村や上今井村の事例がこれに該当する。まず寛政九年柳平村と、隣接する三ツ沢村の猟師左兵治との間での契約は、焔硝代とは別に給米として麦二俵半、粟二俵半合計五俵にて猪鹿追いを請け負うことである（韮崎市誌編纂委員会一九七九）。請負内容は、「私共夜狩引請候上ハ、（中略）一夜ニ三度宛夜追、無油断相勤可申候」（傍線筆者）である。ここでは夜狩とあるものの、証文には「昼狩塩硝代　甲三匁」とあることから、先の千野村や東向／小倉村と同じく昼間も見廻りを行なうことになっていたのであろう。なお、やはり傍線を付けた部分「私共」の意味については、同じく猟師の伊左衛門が契約の証人となっており、この者も含めてのことかと解釈できる。とするなら、請け負った猟師及び証人の二人にて仕事に当たったと見なしてよいのではないか。

それより七年後、享和四年には上今井村と三ツ沢村猟師太兵衛との請合証文でも、正月から十二月までの「不限昼夜を出情いたし、猪鹿防可申候」という仕事に対して、「夏毛大麦六俵秋毛粟六俵都合拾弐俵」の給米が定められている。一年を通した契約というのも珍しく、計算上は一ヶ月につき一俵ということになる。焔硝代については特にふれられてはいないが、耳代は猪鹿とも一疋当たり甲銀二匁と少ないながら対象となっている。この証文にても、同じ三ツ沢村の猟師が証人になっていることに加え、さらに上今井村からも保証人としての請人の名が連ねられている。この場合も先の柳平村の例と同じく、三ツ沢村の猟師二人が仕事にかかわった可能性はある。

なお、これら二つの事例にてわざわざ麦と粟とに分けてある理由は、上今井村証文でも明らかなように、夏作での支払いが麦、秋作での支払いが粟である。上今井村、柳平村は共に飲料水や灌漑用水にも事欠く、乏水性の土地であり畑作中心の村であることから、麦と粟との支払いとなったことも実情を反映している。

ところで表4からもわかるように、(23)上今井村では大麦と粟とで契約した享和四年の次の年、すなわち文化二年には銀百五十六匁五分という賃金にて猟師を雇ったことが夫銭帳に記録されている。この年の村経費に占める猪鹿害防除費はなんと六十八パーセントにも及んでおり、十九世紀初頭での獣害の激しさが理解できる。防除費が夫銭帳全体に占める割合や獣害の増減といったことについては、第四章で詳しくふれる。

［耳代］（表4、表7参照）

給米や給金とは別に、その実績に応じて支給されるのがこの耳代である。請負証文では「褒美」という呼び方もなされており、少ない事例ながら「首代」「丸代」というのもみられる。この耳代についても地域や時期によって格差が認められ、全く要求されていない場合も多い。実際、猪鹿を追い払うことが猟師に課せられた役割であり、被害が生じなければそれで契約は成り立つことにはなる。しかし討ち取ることにより害獣は減少するのであり、さらには実績としての証拠に「褒美」としての性格が加わったものが「耳代」として表現されたものと考えられる。

まず表4のとおり夫銭帳に耳代が記録されている村には、(1)菱山村、(13)藤野木村、(14)上黒駒村上組、(23)上今井村、(39)春米村、(42)塩沢村などがある。このうち猪と鹿の単価とともに耳代の合計が明確に表現されているのが享和二年菱山村夫銭帳であり、猪一疋十二匁、鹿一疋四匁という単価がわかる。上今井村では四十一匁、藤野木村では首代という名称で三匁五分、塩沢村では「打取り褒美」として十二匁が記載されているが、これらについては猪鹿の区別や頭数は不明である。また春米村では「猪二疋鹿一疋打候丸代」として二十七匁が載せられている。この数値だけからは猪と鹿それぞれの耳代は不明であるが、区別がないのなら猪鹿共に九匁、差があるとしたら鹿は猪の半分以下が多いことから、猪十一匁鹿五匁前後の比率であったと考えられる。

明細帳ではさらに多くの事例がある。表7にあげたように一疋当たりの金額について時代順に追ってみると、猪金一分(享保九年牛奥村)、猪鹿銀六匁(享保十八年大塩村)、猪新銀三匁鹿新銀一匁(享保二十年福士村)、猪鹿金一分(延享二年上条南割村)、猪鹿七匁五分(延享三年亀沢村)、猪鹿共に甲金二朱〜一分(延享三年宮窪村)、猪甲金一分鹿甲金二朱(文化五年水口村)となっている。請負証文などでは、猪鹿共に甲二朱(安永五年東向村/小倉村)、猪五匁鹿三匁(寛政九年柳平村)、猪鹿甲銀二匁(享和四年上今井村)と契約されている。

ここでは金あるいは甲金という表記がみられるが、これらは甲州金という戦国時代以来通用してきた通貨単位であり、江戸時代には一般に甲金一両が銀四十八匁に換算されている。従ってその四分の一である一分は銀十二匁、さらにその二分の一である二朱は六匁ということになる。

表7に掲げた耳代全体については、猪と鹿とを同等に扱っている事例もほぼ半数はみられる。この場合、猪鹿共に銀二匁〜十二匁という金額である。猪と鹿とを区別する場合には、猪の方が高額である。水口村(文政五)が猪甲金

一分に対して鹿が二朱、菱山村（享和二）が銀十二匁：四匁、柳平村（寛政九）が銀五匁：三匁、福士村（享保二十）が新銀三匁：一匁、というように鹿については猪の三～六割の価値ということができる。他に牛奥村（享保九）では猪金一分、藤野木村（弘化三）では鹿首代として銀三・五匁となっている。

これらのことから、一疋当たりの耳代については最も高額で金一分、中間で金二朱、最低で銀二匁であり、銀に換算して十五匁～二匁と格差がある。これは時代による物価との関係や獣害の程度からの変動もあったと思われるが、平均してみると銀五匁から七匁位が標準であったようだ。

猪と鹿とに価格差があることについては、猪がもたらす害の方が激しいことや猪の方が獲りにくいことなどによるものと思われる。加えて、獲った後の処置にも関係するのではないだろうか。通常、猪や鹿を打ち取った時には「可然所ニ深ク埋置、人者勿論犬ニ而も堀出し不申様ニ随分入念埋可申候、尤皮等さき又ハ食し候儀堅仕間敷候」（富士吉田市史編さん委員会一九九四a）ということになる。しかし「猟師だけが、獣肉皮利用を許される」（塚本一九九三）ことから、これまでみたような請負契約を行なった猟師は獣肉皮の利用を行なったとみてよいのではないか。肉は別として、毛皮や角の利用価値は鹿のほうが高かったことが、耳代の差に関係したとも考えられる。

［人足賃／小屋番賃］

猪鹿を追い払う行為には、威鉄砲を伴った見廻りや夜間に小屋に泊り込み音を出して威すなどの作業がある。この内特に人足賃として記載されているものは、主に見廻りにかかわる日当とみることができる。このような賃金が載る夫銭帳の例としては、表4にあげた（2）山村、（3）下於曽村、（6）正徳寺村、（8）別田村、（9）湯村、（15）上黒駒村下組、（16）大野寺村、（39）春米村、（40）南部村、（41）大和村などがある。また（11）狐新居村や（20）米倉村、（35）武田村などにみられる猪鹿追賃、（12）門前村の猪鹿出金、（49）新倉村の手間賃などもこのような人足賃とみてよく、甲斐国全域にて実行されていた猪鹿害防除の方法の一つであったとみられる。

金額が明記されている例では、(8)別田村七十八匁、(15)上黒駒村下組二百七十六匁、(39)春米村四・四匁、(40)南部村四十二・五匁などがあり、最高が二百七十六匁、最低が四・四匁というように一様ではない。村の立地条件や猪鹿の出現する程度によって、見回りや威しの回数に違いがあったのであろう。

このような人足賃が支払われる対象が、どのような人達に対してであったのかは、資料には明確には書かれていない。威鉄砲の使い方からもわかるように夜間の追い払いについては村人の毎晩の交代制で行なうことになっているが、これが日当としての支払い対象となっていたのか、あるいはそれとは別に、特に被害が激しい時に追い払い専門の者を雇ったのかということであるが、この区別は特に記載されていない。必要経費として明確に夫銭帳に記載された例は、それほどは多くないのが実情である。このような問題があることを承知の上で、人足賃の具体的な内容にふれてみよう。

(8)別田村では五十二人分一人五分宛と百四人分五分宛との合計銀七十八匁が、猪鹿追人足賃として費やされている。昼夜の別はふれられていないが、恐らく夜間の見廻りであろう。特に焔硝代は記載されていないものの火縄代があることから、威鉄砲を持ちながらの追い払いが考えられる。そして一人一晩の日当が銀五分ということであり、五十二人分が夏場まで、百四人が秋の収穫期に伴うものであろう。通常複数の人足で見廻ることから仮に二人でチームを組むとしたら、五十二人分が二十六日間(春の植え付けの時期ないし麦収穫期)、百四人分が五十二日間(秋の収穫期である八月から九月)ということになろうか。

一人当たりの単価が記されている例として、他には(39)春米村がある。ここでは人足賃として、銀四匁四分が費やされている。この内容は、「七月廿九日より九月廿二日迄猪鹿防候人足一夜壱人付弐分宛」とある。七月二十九日から九月二十二日ということから、稲が実りはじめてから収穫までの時期を意味するものと思われ、この間は五十六日を数える。また一人銀二分宛で合計四匁四分ということは、二十二人分の賃金である。従って一人で行なうとしても、二日から三日に一度の見廻りということになり、同じような期間である別田村に比べ、見廻り回数が少ない。さらに先に引用した下津金村の議定書では「（前略）秋夏共ニ壱組ニ而一夜四人づつニ而鉄炮はなし毎晩防、其上昼追之儀者、三組一同ニ而二三日置ニ五六人宛ニ而（後略）」とあるように、毎晩四人ずつ、昼間は二・三日おきに五・六人が見廻ることが獣害の激しい時分におけるやり方となっている。これらの事例に対して、春米村の場合は非常に間延びしている感がある。これについては、八月三日から十一月までは他にも猟師を雇っていることによるものと思われる。

以上のように別田村銀五分、春米村二分という一人当たり単価である。他には明確な事例はないが、後でふれる上津金村の番賃が三分という事例もあることから、一夜の追い払いについて一人当たり二～五分というのが実情なのであろう。この金額を先に紹介した雇用猟師の賃金と比較するとどうであろうか。最も高額の事例は、藤垈村の二十五日間で甲金三分であった。甲金一両を銀四十八匁とすると、甲金三分は銀三十六匁となりこの一日当たりの日当は、一・四四匁ということになる。これと比較して人足賃の二分から五分というのは猟師賃金の七分の一から三分の一であり、相当低賃金ということになる。しかし、藤垈村の猟師賃金は例外ともいえる高額であり、通常は前項でみたように農作業における半期三～四ヶ月で四十～五十匁、全期間七～八ヶ月で六十～八十匁という金額が平均的であった。従って月当たり十匁前後、実働一日当たり五分前後となることから人足賃と左程の差は無いことになる。大工や石工、左官ら諸職人の一日賃金は、飯代を別として通常一匁～一匁二分であり、これと比べると人足賃や猟師賃金は低い。しかし猟師については先にもふれたように、毛皮や骨角の利用、それに耳代などの補完条件が加わっている。また、威しや追い払うための見廻り人足賃については、村人交代制の見廻りに対する賃金なのか、専門に雇用した人足なのかという疑問もあるが、威鉄砲の使用順番や先の下津金村の議定書などの例から、耕作に携わる村人の交代制ということがわかる。昼の農作業に加えたこのような夜の見廻りという重労働にしては、二分～五分という手当はいかにも格安ではある。しかし村協同の作業であることからやむをえない価格といえよう。ちなみに延享二年上津金村夫銭帳に記載された諸人足賃は、猪鹿番賃三分、堰廻り賃銀六分、橋懸人足賃金五分、道作り人足賃銀四分である。このことから猪鹿追い賃の二分〜五分は、やはり一般的な数値なのであろう。

次に少ない事例ながら、猪鹿を追い払うための番小屋での賃金かと思われる例がある。先にも紹介した延享二年上津金村夫銭帳に「猪鹿番賃　是ハ六ケ所ニ而壱夜壱ヶ所弐人宛罷出相勤日数九十日組壱人壱夜付三分ツ、取来申候」というのがこれである。六ヶ所の地域を見廻るということも考えられるが、ここでは村内に六ヶ所の小屋が設けられており、一つの小屋に二人一組で泊り込み、声や音で獣を一晩中追い続けるという解釈ができよう。右左口村文久元年明細帳には「猪小屋所々ニ作置、壱ヶ所弐人宛毎夜罷出防申候」とあり、二人一組にて小屋に泊り込み不寝番をするということがわかる。三之蔵村文化八年夫銭帳にある猪鹿小屋、徳和村天保期年中規定書にある「夏秋之儀こやかけ追放可申候」、高下村文化六年差出申取扱口證文之事にある「一　當村猪鹿防之義前〃之通秋先立毛実法始候節者役元ヨリ小屋掛ヶ日限觸出有之（後略）」なども、番小屋であったものと思われる（傍線筆者）。

上津金村の事例では、九十日間ということからおそらく七月・八月・九月という実りはじめから収穫までの三ヶ月間、村中の六ヶ所に設けられた小屋に村人が交代で二人一組にて泊り込むといった状況が推測できる。小屋に入った村人は、声を出したり鳴り物によったりして獣が寄り付かない工夫を行なったわけである。これにかかる手当については、上津金村では銀三分であることから、やはり見廻り同様、二分〜五分という範囲であったのであろう。

ところで番小屋建設にかかる経費が記された史料もある。表4にまとめたように元文二年（8）別田村夫銭帳には、猪鹿小屋二軒分の建設費が十二匁五分とある。一軒当たり六匁二分五厘ということになる。この内容については特に記載はないが、人件費が主でありこれに材料費が加わり、さらに修復料も幾分掛かったと考えてよいだろう。小屋の規格や構造についても記載はないものの、一人ないし二人が入れるスペースの簡単な建物であろう。このような建物を設置するに当たっては、三人で一日もあれば建設できるのではないか。材料調達や鳴子の設置など合わせても三日もあれば完成しよう。従って追い払いの人足賃を参考にして、仮に一人五分とすれば四匁五分が人件費、残りの二匁を材料費などとして、六匁五分あれば一軒の番小屋とそれにかかる設備が完成するといった推測ができる。

このような小屋の建設時期は、先に紹介したように「夏秋之儀こやかけ追放可申候」（徳和村天保期年中規定書）、「當村猪鹿防之義前〃之通秋先立毛実法始候節者役元ヨリ小屋掛ヶ日限觸出有之」（高下村文化六年差出申取扱口證文之事）などの史料から、みのりの時期を迎える直前の夏場に設置することが定められていたようである。しかし猪鹿出現の状況によっては植え付けの時期や麦作の時期にもこのような番小屋が設置された可能性もある。

以上のように番小屋での追い払いについては、施設の建設にかかる経費と泊り込んで追い払いを行なう人件費とが、村での必要経費として支払われたことになる。

なお、このような番小屋に関する事例は『飛騨後風土記』をはじめ渡辺華山の『参海雑志』、司馬江漢の『江漢西遊日記』などに述べられている。これらの事例も含め、さらに詳しくは次の項でふれてみたい。

三　番小屋での追い払い

猪や鹿の害を防ぐため、耕作地に設けた番小屋に泊り込み一晩中猪や鹿を追い払うといった方法が行なわれていたことについては、前項で紹介してきた。このような防除対策は、もちろん甲斐国内だけのことではなく当然全国的にも行なわれていた方法である。特に被害の激しかった東海地域などでの実情を物語る記録がいくつか残されている。ここでは、そのような記録を参考にしながら、さらに甲斐国内の資料を加えることで番小屋での追い払いの内容について詳しくふれてみたい。

（一）甲斐における番小屋関係の史料

番小屋の存在を知ることができる史料はそれほど多くないものの、前の項で紹介したように村明細帳や夫銭帳それに村規定書などにみることができた。その際にもふれたように、番小屋そのものの存在を示す史料として右左口村文久元年明細帳があった。ここには次のように記されている（山梨県一九九六b）。

一　当村之義山岸故猪鹿多分出諸作荒し申候ニ付、猪小屋所々ニ作置、壱ヶ所弐人宛毎夜罷出防申候、尤外猟師を相頼ミ防方多分入用相掛リ申候

同じ明細帳に記載されている事項から、当時の右左口村は石高七百十八石余（反別七十三町一反余）、戸数二百四十二、人口八百五十人という山沿いとしては規模の大きい村であることがわかる。七百十八石余の内では、畑高が五百二十石余（反別五十九町二反余）と七割以上を占める畑作物中心の村でもある。この畑作物についても、明細帳には「胡麻・大豆・木綿・粟・稗・馬大豆多く作リ申候、尤煙草・大角豆少々ツヽ作申候」とある。豆類、粟、稗などが猪の被害を受けやすく、少ないながらも田の稲と併せてこれらの作物を守るため、番小屋が設置されたものと思われる。

さて、右左口村における猪小屋の記載からは次のことが理解できる。

①山付きの村であることから、猪や鹿の害が多い
②所々に猪小屋を作り置く
③小屋一ヶ所あて毎夜二人一組で防除を行なう
④番小屋での追い払いだけでは防ぎきれないことから、猟師雇用も行っており、これに掛かる経費も多い

以上であるが、特に参考になるのは一つの番小屋に終夜二人で泊り込むということである。これが毎晩ということから、おそらく村人の交代制により当番を決めて実施するという取り決めがあったのであろう。但し設置された小屋の数や一ヶ所の小屋でどの程度の範囲をカバーしたのかは定かでない。田畑併せて七十三町余の耕作地を守るためには相当数の番小屋が必要とみられるが、猟師雇用のことも考えると、集落から離れた山間の耕作地を中心に番小屋が置かれたものとみなされる。それにしても複数の小屋が必要となるわけであり、それが「猪小屋所々ニ作置」という表現になるのであろう。二人一組ということから、全部の小屋番としては一晩に少なくとも十数人以上がこれにかか

ることとなる。猪小屋が機能する期間についてはふれられていないが、交代制とはいうもののみのりに入る時期には、何日か置きには寝ずの番が回ってくるという厳しい労働が要求されていたのである。

右左口村明細帳では詳しいことがわからない箇所数とか期間については、これもすでに紹介した上津金村延享三年夫銭帳の次の記録からある程度確認することができる（須玉町史編さん委員会一九九八）。

「一　銀三百弐拾四文　猪鹿番賃　是ハ六ケ所ニ而壱夜壱ヶ所弐人宛罷出相勤日数九十日組壱人壱夜付三分ツ、取来申候」

この史料には猪鹿追小屋という言葉は出てこないが、「六ヶ所での番」ということから、耕作地に設置された小屋番という意味合いが強いものと考えた。そこで、この史料からわかることを整理すると次のようになる。

①上津金村では、村内に六ヶ所の番小屋が設置されている
②一つの番小屋には二人一組で泊り込む
③泊り込む期間、すなわち番小屋が機能する期間は九十日間
④一人一泊の賃金は銀三分
⑤番小屋に泊り込む総人数は、六ヶ所×二人×九十日の千八十人であり、総賃金は銀三百二十四匁

以上のことがわかるが、九十日間というと約三ヶ月であり、作物が実りはじめて収穫までの八月から十月位までの間とみてよいのではないか。

この史料に近い年代である元文五年の明細帳からみると、上津金村は家数八十四軒、人数四百五十八人から構成される中規模の村である。ここには石高が記されていないが、宝暦高では三百四十石余（須玉町史編さん委員会二〇〇二）、寛文六年水帳では三百三十一石余であり田畑面積内訳は、田が約十町九畝、畑が約五十五町四畝と記されている（須玉町史編さん委員会一九九六）。耕作地の約八割が畑でありしかもその九割が下畑及び下々畑とされている。これらの畑の作物としては、先の明細帳には「田ニハわせ稲、畑ニハ粟・稗・黍・蕎麦・野菜・芋・油荏・大豆・小豆作来申

候」と記されている。荏を除いて全て猪害を受けやすい作物であることから、番小屋を含めた獣害対策には村として力を注がざるを得なかったといえよう。

ところで元文五年の家数を参考に、本百姓七十七軒、水呑百姓七軒を合わせた八十四軒が番小屋にかかわるとした場合、一軒から一人出すとして、二人一組であることから、八十四÷二＝四十二組÷六ヶ所＝七となる。すなわち七チームが構成されることになり、七日に一回、月に四回は同じ家の者が番小屋当番となる。これを三月間続けるということから期間中に十二回から十三回、小屋番が回ってくることになる。日中の労働に加えての夜勤作業が、このような順番で回ってきたのである。

番小屋に関する史料は多くはないものの、他にもいくつか確認できる。この中で、番小屋が季節的なものであるとともに、村の取り決めの中で設置されているという史料もある。

［徳和村天保期年中規定書］（三富村村誌編纂委員会一九九六）

一　猪鹿威之義ハ壱人別ニ而追散可申候

一　夏秋之儀こやかけ追放可申候（傍線は筆者）

この規定書には、冠婚葬祭をはじめとした村中での付き合い、焼畑の場所、村夫銭帳の負担などについての取り決めなどが記されているが、特に獣害防除にかかわる事柄としては、三峯山御犬料、鉄砲修理、猪垣のこととともに、上記のような猪番小屋にかかわるとみられる事項が含まれている。非常に簡単な言葉で綴られていることから詳細はよくわからないが、この二行がセットの文章とすると、猪鹿を追い払うに当たって通常は各個人で対応することになっているものの、夏から秋には番小屋を設けて追い払うこととなっていたことが推測できる。この場合は個人の仕事ではなく、村共同での作業という含みがあり、収穫時期を迎えた村での小屋掛けの事例を物語る資料といえよう。

徳和村は『甲斐国志』によると、石高八十四余、人口三百二十二人、家数八十五戸の村である。宝暦六年明細帳では、煙草、粟、稗、荏、いも、大根、菜などの畑作物が中心とされている。

規定書の内容から、猪鹿害への防除対策として徳和村では、鉄砲による威し、猪垣による畑の囲い込み、三峯神社からの狼札の借用などが行なわれており、併せて収穫期には番小屋を設置し村構成員の共同作業により終夜追い払い作業を行なったことがわかる。

このような小屋設置や当番については、村全体での協働体制が必要であるが、実際には被害状況や作物の種類、耕作範囲などによりそれぞれの地域の思惑から、必ずしも歩調が合わないケースもみられたようである。高下村の史料からは、このような事態があったことがわかる。少し長いが全文を引用しよう（増穂町誌編纂委員会一九七七）。

（高下村猪鹿防番小屋一件ニ付）差出申取扱済口證文之事

（端裏書）［文化六年巳八月猪鹿防済口手形］

差出申取扱済口證文之事

一　當村猪鹿防之義前〻之通秋先立毛実法始候節者役元ヨリ小屋掛ヶ日限觸出有之双方日限ニ罷出仕来り之通小屋懸仕候所上ノ在家番小屋之義ハ其場所江出會候者も有之不出會者も有之不相済候ニ付其段役元江届出候ニ付双方呼出相尋候所古障抔申立彼是憤り五六年之間一同付仕故村中一同之猪鹿防等調不申候ニ付鹿荒等も有是去秋中御上納難儀之旨願出候ニ付私共三人罷出双方江和融之趣申談候趣ハ番小屋之儀ハ扱人ニ而作立修復之義ハ暮双方ニ而仕憤之趣扱人貰請双方共和融内得仕候上者人足割先規之通差支申間敷候然上此義ニ付御願之筋聊無御座候依之済口印形差出申處仍而如件

巳七月　本途田方猪鹿防總代　定八㊞
同　仁右衛門㊞
同　与平治㊞
同　角右衛門㊞
右同断惣代　長兵衛㊞

右同断惣代　平治右衛門㊞
同　源五左衛門㊞
同　傳左衛門㊞
右扱人　勘左衛門㊞
同　万蔵㊞
同　要右衛門㊞

村方
御役人中

この史料からは次のことが理解できる。

1 高下村では猪鹿害を防ぐために番小屋を設置している
2 番小屋は季節的な仮設のもので、作物が実りはじめる秋先（みのりが始まる秋に先立ち）に建設している
3 日時について、役元から出される御触れに従い集合し、小屋掛けすることとなっている
4 ところが「上在家」の番小屋については、小屋掛けに足並みがそろわなかった
5 役元の調停も不調となり、五、六年の間村中での猪鹿防除が整わず被害があり、昨年の年貢御上納にも支障が生じた
6 そこで扱い人三人が和解の調停を行ない、人足割についてはこれまでの規定どおりに行なうこととなった
7 調停の趣は、番小屋の作立は扱人、修復はそれぞれが行ない、これまでの双方の言い分は扱い人に任す

この調停は文化六年七月に行われ、さらに裏書きに八月とあることから、この年のみのりが始まる前に決着し、秋には再び番小屋での追い払い作業が実施されたことが推測できる。甲斐においては特に文化年間に獣害が激しかったこともその背景にはある。

證文の最後には担当役の署名があり、その筆頭に「本途田方猪鹿防總代」として四名の名前が連なっている。このことから、ここでの番小屋は田に実る稲を守るための施設ということになり、やはり年貢上納が第一の目的であったことが理解できる。加えて獣害対策を行なうに際しての村中における組織があったこともわかる。

なお、史料にみえる「上ノ在家」という地名については、慶長検地帳や寛文検地帳には「上在家」という小字があり、『増穂町誌』（上巻）には「今の集落は、段下の「上在家」から移住したといわれている」と記載されている。現在の下高下《しもたかおり》集落から約百メートル下った場所が「上在家」である。この一帯に開かれた水田を守るために番小屋が置かれたのであろうが、「上高下《かみたかおり》」「下高下」の集落から離れていること、標高が低いところにあることなどから、耕作者に偏りがあった可能性もあり、そのことが番小屋割り当てへの不公平感からさらには不協和音へと至った原因とも考えられる。

とかく共同作業については、各地域の利益や思惑に偏りがあり、実行し続けることは難しい。八ヶ岳西麓の長野県富士見町乙事区が所蔵する「十ヶ村猪追議定之事」では原十ヶ村共同での猟師雇のための各村負担金のことが記録されているが、村々の事情から一年限りで取り止めになり、継続することはなかった（久保田一九八九）例もあり、その難しさは各地に共通したものであったのだろう。

高下村は、享保二十年明細帳からみると、石高二百五十二石七升、家数百三十軒、人数四百六十九人の村である。西郡筋の平地の村と比べると石高は少ないものの、戸数や人口は決して少なくない。特に富士川流域の山間部とすれば生産力のある中規模の村といえる。但し、石高のうち畑高百八十を越えるのに対して、田高六十四石余と畑作物中心の村でもある。しかしこの田を獣害から守ることを主に、秋口から取り入れまでの間、番小屋を設置しそこにて終夜の追い払い作業を行なったのである。

以上のように、江戸時代の甲斐国内にても少ない史料からではあるが、猪鹿を追い払うための番小屋が設けられていたことがわかった。

では具体的な建物構造や追い払いの方法はどのようなものであったのだろうか。これらについて次にふれてみよう。

（二）番小屋の諸例

①描かれた番小屋

番小屋の事例でよく知られる史料に『斐太後風土記』の事例がある。これは飛騨高山の国学者富田禮彦が明治六年刊行した民俗誌であり、江戸後期から明治初期の飛騨地方の歴史・民俗、風俗・生活を知る上での貴重な資料である。ここでの小鳥郷六箇村の項に次のように記されている（蘆田一九六八）。

「山畑の夜守　深山中の村々、（中略）、居村の本田畑よりは、焼畑の雑穀の作毛多ければ、初秋穂の出づる頃より、山中に小屋を掛て、老人兒等に家を預け置、村中の男女おのがじし、山畑の小屋に一人宛別れ行て、夜々守り、案山子（方言に猪の會米と云。）を立、夜もすがら鳴子（方言士宇豆久と云。）をひき、猪笛を吹（桐の木を以造る火吹竹の如し。）板等を打鳴し、不断聲を揚て、猪を驚かし逃げ去らしむ。焼畑多く、小屋数も多き山にては、遠近の夜守の男女、處々にて鳴物を鳴し、互に聲をはりあげ呼び交す故、初秋より暮秋穀物を刈上るまでは、なかなかに、山小屋は賑ひて、村里は寂寥、夜守の者、小屋にて熟睡むれば、其を狙ひより、猪来て、作毛を食荒す故、終夜聊怠らず聲をあけ、鳴物を鳴して、猪を追ことは、里の村々の平田に稲のみ作る農民よりは、いたつき如何ばかり多からむ。（後略）」

なんとすさまじい記録であろうか。山中の村々に住む農民の辛苦、特に猪害から山畑の作物を守ろうとする必死の生活がひしひしと伝わる文章でもある。一人番小屋に泊り込み、終夜鳴子を引き、板を叩き、火吹竹のような猪笛を吹き、大声を上げる。隙をみて来襲する猪のため一睡もできぬ終夜の作業。その厳しさが伝わってくるではないか。ここには挿図も載せられており（第3図1）、山間焼畑での猪追いの様子がさらによくわかる。満月の明りに照らされた山間の焼畑。たわわに実った雑穀。粟であろうか稗であろうか。畑には鳴子が張り巡らされ、案山子も据えられて

1．飛騨地方での小屋追い
（『斐太後風土記』1968より）

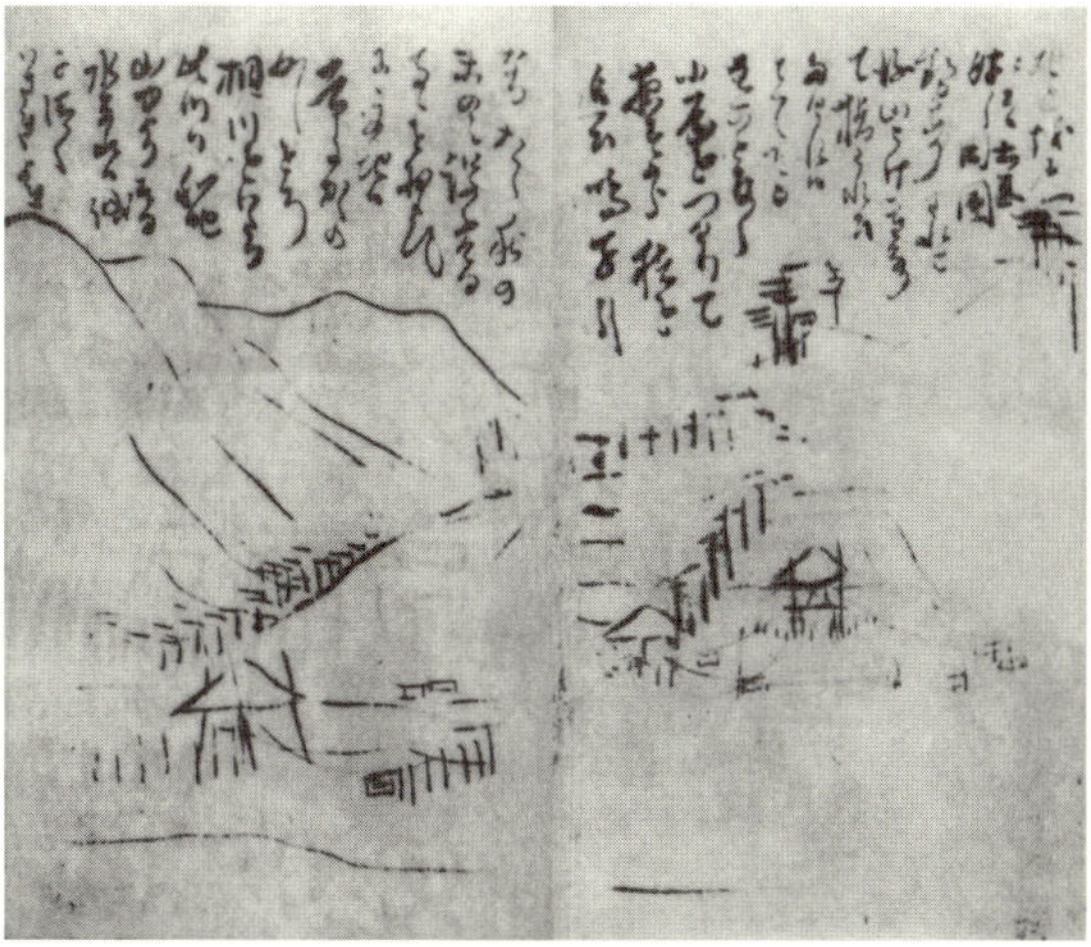

2．渥美半島の番小屋
（『渡辺崋山集』第 6 巻1999より）

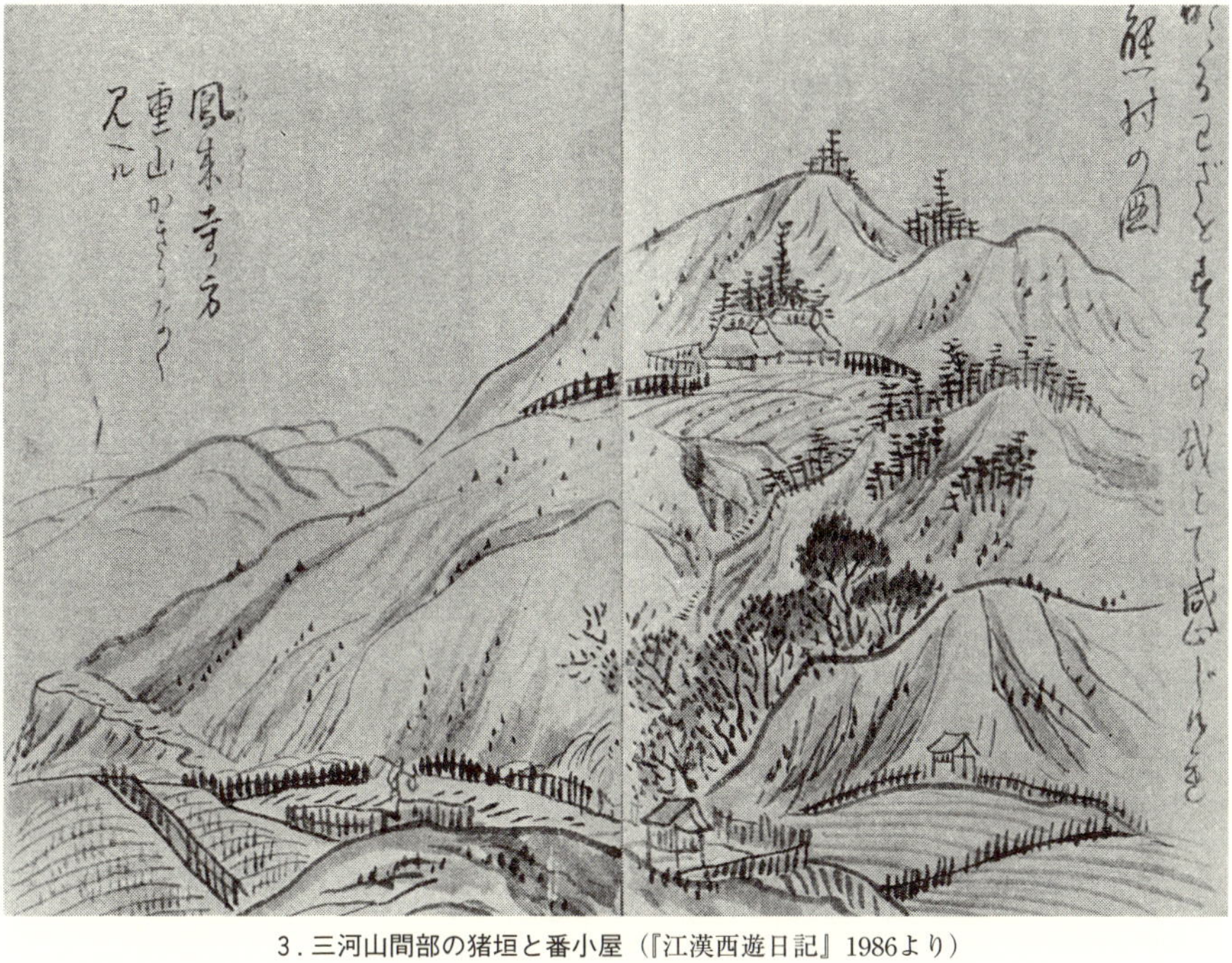

3．三河山間部の猪垣と番小屋（『江漢西遊日記』1986より）

第 3 図　描かれた番小屋（1）

いる。その前に掛けられた片屋根の番小屋。中には一人の農民。片手に鳴子の引き紐、残る一方では板を叩き同時に大声を張り上げる。隣の畑でも同じような小屋で追い払う農民が……。そんな情景が見事に描き出されている。山間の焼畑での一人一人の追い払い作業。これまでみてきた甲斐国内での番小屋での作業を考える上でも、『斐太後風土記』の記載は大変参考になる。作者の富田禮彦はさらに続ける。「同國に生まれながら、生涯稗のみ食ひて苦勞する山中の村民と、米穀數多作り、山小屋のわびしさをも知ずして、家にのみ寢て取上る民との損得、何れとかいはむ。實に深山中の村民の辛苦、想像て憐れむべき事なりけり。」

支配階級との余りの差、あるいは平地農民との格差を指摘する作者でもあるが、地域は変わっても獣害に対する農民の取り組みにはさほどの違いはなかろう。但し、すでにふれたように甲斐国での史料からは番小屋だけでなく、鉄砲をはじめ猪垣の設置、見回りなど、村が一体となったさまざまな共同作業の一環として、番小屋での作業も行なわれていたことがわかる。

『斐太後風土記』にある小鳥郷一帯の状況は、『江漢西遊日記』(芳賀・大田一九八六)、『参海雑志』(小沢・芳賀一九九九)の記録とも共通する。『江漢西遊日記』は、日本最初の銅版画制作者として知られる絵師であり、また蘭学者でもある司馬江漢が天明八年から九年まで一年かけて江戸から長崎まで旅をした際の日記であり、活闊な文章と共に各地のスケッチで綴られた紀行文として著名である。諸方の名所や生活・風習が記録されていることから歴史資料としても貴重である。この天明八年六月二十八日の日記では三河国の熊村の庄屋宅に泊まった際「寝入りて夜更、猪を追ふ聞(声)を聞く」とある。まさに斐太小鳥郷での番小屋の様子と通ずるものがある。これより少し前、同日の昼にも偶々出会った老婆の言として「昼は猿の番、夜は猪を追ます。ご覧の通り、畑の廻りにかこひをいたします」ということが記されている。さらに熊村の図として柵に囲まれた山の畑がスケッチされている(第3図3)。まさに木柵による猪垣であるが、同時に畑の隅には小屋も描かれている。この小屋が、夜更けてなお聞こえてくる猪追う声の元、番小屋ではなかろうか。この施設は、切り妻風の屋根を持つ高床状の建物として描かれており、先の『斐太後風土記』

の片屋根の小屋とは異なっている。しかしこのような番小屋構造は、後でふれる渥美や湖東地域の事例にも共通するものであり、地域によりあるいは使用する期間により異なっていたものと思われる。

熊村での夜更けの追い声は、「江戸に産れて、此山中に至る事初めなれば、奇妙に珍づらしく思ひぬ」と江漢を引き付けた生活の響きでもある。

渡辺崋山が記した『参海雑志』には、天保四年四月十五日、三河国越戸《おつと》村から土田《どだ》村の様子として「小屋をつくりて夜すがら猪を追ひ鳴子引なり　ただ秋の末のみ設ふける事よとおもひしに　この地ハ常にかくの如しとぞ」という説明と共に柵・小屋・鳴子などが描かれている（第3図2）。旧暦四月十五日ということは、新暦では五月後半ということになり田植えの済んだばかりのころであろう。そこに鳴子を引く番小屋が設けられているのである。崋山も猪追いは秋の収穫期のことと思っていたらしく、四月半ばにかような施設が設けられていることに驚きをもって描いたのであろう。木柵と思われる囲い、そして鳴子が導かれる小屋の形態は先の熊村にも共通する。特に四隅の柱が通った高床風の構造は、よく類似している。このような構造は、「堀家本四季農耕絵巻」にも認められる。この堀家本は、近江／湖東地方をモデルとした天正年間の原本を、延享三年（一七四六）に写本したものとされている。この絵巻の中に番小屋が描かれているシーンが二ヶ所ある。一枚は「山田と山畑」と題されるシーンで、谷間の小・中区画と尾根上の畑が描かれるものである（第4図1）。この内の水田隅の畔ないし道を含む空間部に、四脚高床風の小屋が二棟ほど描かれている。二棟とも山際に設けられていることが、猪の出現に備えるという現実味を帯びている。もう一つは「番小屋と鳴子」と題された場面であり、より具体的に番小屋での状況が描かれているものである（第4図2）。小屋は畔の上ではなく、水田内に設けられており、杭立の高床式といった水上家屋のような構造である。草葺の両屋根で、中に一人がやっと入れる位の空間をなす。実り近い水田のようであるが、水鳥が遊ぶ湖岸沿いの湿田環境とも受け取ることもでき、鳥追いということも考えられる。また、水鳥が群れていることから夜ではないものの、小屋内の番人がウトウトしているような描かれ方でもあることから、早暁ということもありうる。猪追い乃至鳥追いとしても、

1.「堀家本四季農耕絵巻」の番小屋

2.「堀家本四季農耕絵巻」の番小屋と鳴子

第4図　描かれた番小屋（2）

（1、2ともに堀淳子様所有、町田市立博物館展示図録第85集『農耕図と農耕具展』1993より）

番小屋での様子が良くわかる貴重な絵画資料である。江戸時代の写本であるが原本は天正年間の可能性が指摘されており（河野一九九三）、江戸時代以前の番小屋例とすれば大変興味深い。

以上、番小屋の具体例がわかる資料を概観してみた。これらは、飛騨地方から東海地方という猪害の多い地域の資料である。崋山がみた土田村が旧暦の四月であり田植えが終わった頃（麦の収穫期でもある）、米が作れない熊村では旧暦の六月二十七日、新暦での八月初めの粟あるいは稗の実りはじめの頃、そして斐太が初秋から暮秋という収穫間近い頃であり、地域によっては作物に応じ春の終わり頃から秋までこのような小屋番が必要であったことが理解できる。

②小屋番帳の事例

小屋番の名簿史料が、信濃国居倉村に残されている。居倉村は千曲川の源流域に位置しており、現在の長野県南佐久郡川上村大字居倉がこれに当たる。居倉村の概要は、安政四年（一八五七）の村明細帳によると石高六十八石余、家数七十六戸、人口三百十三人の村で、獣害もあることから鉄砲二挺を保有する村である。『川上村誌』資料編の居倉村の項を読んでいたところ、たまたま文久三年八月猪鹿小屋追覚帳という史料が目についた。八月の小屋当番として追い払いを行なった者の名前が、居倉村内の地名ごとに記載されているものである。これを表8にまとめてみた。表の左端欄に記したものが覚書に載る地名であるが、このうちのいくつかは今も残る字名であることから、これらの地名はおそらく当時の集落名を表わしたものとみてよいだろう。ちなみにシダミシク、小原、小川沢、横沢などの地名が「地名辞典」にて確認できる字名である。この地域名の次に個人名が掲載されているが、これらの人達がそれぞれの集落内の構成員であったものと思われる。個人名は合計で七十名を数える。安政四年の明細帳に載る家数七十六戸に近い数字であることから、この覚書の七十名という人数は居倉村全戸の代表者～各戸を代表して猪鹿小屋に勤務した者の名前とみてよい。個人の名前の前に「半」と書かれた意味は、おそらく勤務単位が半分ということであろう。

表８　居倉村猪鹿小屋追覚帳（川上村誌刊行会2001より作表）

猪鹿小屋追覚帳（文久３年８月）			
字名		名前	備考
志たみ宿		喜市郎	
	半	力之助	
		亀吉	
		岩吉	
	半	正太郎	
東はな		仁左衛門	
		為五郎	
丸戸		勝平	
		今右衛門	
		徳平	
		又助	
西はな		吉松	
		太三郎	
		忠三郎	
	半	儀右衛門	
	半	忠太郎	
から松尾		文左衛門	
		丑太郎	
		武右衛門	
		徳三郎	
		平作	
下小原		弥市	
		泰作	
	半	清左衛門	
		勘六	
	半	おちん	女性
		清蔵	
下横沢		重左衛門	
		岸平	
		幾松	
		勝吉	
		平吉	
		秀弥	
		継太郎	
ぬたの久保		太兵衛	
		勝右衛門	
		松五郎	
	半	豊吉	
小川沢		亀吉	
		伝吉	
		庄吉	
		重作	
すくり平		又市	
		庄作	
		長吉	
		七右衛門	
		竹次郎	
岩屋		市右衛門	
		平一郎	
		次郎吉	
	半	みよの	女性
小平		源八郎	
		音吉	
	半	おしも	女性
		多蔵	
上小原		鍋十郎	
		玉吉	
		藤五郎	
		文蔵	
		久平	
よけ		縫之助	
		元吉	
		与三右衛門	
		嘉一郎	
		六郎右衛門	
上小原武道口		茂十郎	
		岸蔵	
		松太郎	
		喜市	
		ち賀	女性

この覚書からわかる小屋番のことについて整理すると次のようになる。

一　居倉村では猪鹿害に対する防除策の一つとして番小屋での追い払いを行なっている

二　村を構成する全ての家から当番を出している

三　当番には女性も含まれている

四　勤務単位には「半」もある

五　小屋番は八月を中心とした収穫期に実施していたようだ

このような当番の記録は、居倉村に限らず番小屋を設けていた村では必ず残されていたものと思われる。さらには当番表のような書き付けも本来はあったものと思われ、これからの調査で発見されることが期待できる。

なお、この居倉村の覚書からは、村全体で何軒の番小屋があったのか、一組何人で泊り込んだのか、月にどの程度の当番であったのかは不明である。

③再び甲斐の番小屋へ

飛騨や東海地方での番小屋の実例を参考にして、ふたたび甲斐の事例を振り返ってみよう。番小屋が機能したのは、全国的にも畑作、水田ともにみのりの時期を中心としていたことは確かであろう。それが麦であるか稲あるいは稗・粟であるかにより夏ないし秋ということになる。渥美半島の土田村では田植え終了後の田に、鳴子と一体となった番小屋が描かれているが、この時期は麦の実る時期でもあり、これにかかる防除施設ということも考えられる。甲斐での右左口村、上津金村、高下村、別田村、徳和村などの事例からは、まず季節的な仮設の小屋であり特に稲のみのりなどの時期に設けられるということが確認できている。

小屋の構造については、飛騨小鳥郷では片屋根の簡素な施設であった。これに対して三河の熊村の小屋は簡素ながら切妻の四本柱であり、土田村もこれに類似した構造の建物で、年間を通じて建っていてもおかしくはない。甲斐国高下村や徳和村では、収穫期前に小屋掛けを行なうこととなっていたが、どのようなものであったのだろうか。別田村での建設費用が一棟当たり六匁とすると、飛騨小鳥郷のような片屋根の簡素なものではなく、少なくとも二人が同時に泊り込める、しかも村共同の施設であることから熊村や土田村に類した建物ではなかったろうか。高床かどうかは不明であるが、広い範囲を見通すことを考えると、高い場所あるいは高床が効果的であることは言うまでもない。

次に追い払う方法について考えてみよう。飛騨、土田、湖東での事例では鳴子が共通していた。畑や水田に廻らされた鳴子につながる縄ないし紐が小屋に延びていて、これを番人が引くというもので、特に『斐太後風土記』ではその様子が描かれているとともに「夜もすがら鳴子をひき」と記述されている。鳴子が描かれている例では、『江戸名所図会』武蔵国分寺前の水田が有名であるが、これは雀追いのシーンであり、私もこれまで鳴子とは鳥追いの設備と思っていた。これが猪や鹿追いにも用いられていたのである。さらに『斐太後風土記』では、「猪笛を吹（中略）板等を打鳴らし、不断聲を揚て、猪を驚かし」とある。挿図（第3図1）では大きく口を開け声をあげている農民が描かれている。声を出して追い払うというのが最も一般的であり、熊村に滞在した江漢が夜更けに聞いた「奇妙に珍しき」

声も、このような猪追いの声であった。さらに「猪笛」という鳴り物も登場する。あまり聞き慣れない名称ではあるが、桐の木でつくられた火吹き竹のようなものと解説されている。桐の木は中心が柔らかく、筒状にくりぬきやすいとともに全体としても加工しやすい材料である。どのような音がするのか分からないが、威しに有効な響きがあったのであろう。そして板である。挿図では、農民が左手に棒を持ち板を叩いている様子が描かれる。板を叩く音と呼び声とが入り交じるというのが、番小屋における猪追いの一般的な音ではなかったろうか。

甲斐国内での番小屋での追い払いも、基本的には同様なものであったと思われるが、具体的な史料は現状では見当たらない。但し、板を持って猪威しとする史料が早川町斎藤義直家文書にみられる（白水二〇〇六）。

乍恐口上書を以御訴詔

一、西河内領京ヶ島村と塩之上村之義、前々入合ニ御座候得者、馬草・薪之義者互入合取来申ニ付、塩之上村之者共毎日勝手次第拾人・拾五人宛参申所ニ、去十月廿三日ニ者七人参、京ヶ島村六左衛門・久作畑江新道を付申ニ付、右六左衛門見当おさい申候得ハ、右七人之内壱人猪鹿おとした、き板盗藪木中ニ引包参申付証拠なた壱丁取罷帰り申候（中略）

宝永五子年十一月　（後略）　［傍線筆者］

これは京ヶ島村の六左衛門以下名主、長百姓が、塩之上村民の理不尽な乱暴について、塩之上村の名主、長百姓らを訴えた訴状である。その乱暴の一つに、「猪鹿おとした、き板盗」という行為があげられている。つまり、「猪や鹿を音により威して追い払う板」を盗み隠してしまったというのである。ここで重要なのは、山の畑にて猪や鹿を追い払うのに、「おとした、き板」が使われていることである。早川町一帯の史料調査を進めており山村の生活に詳しい白水智氏は、この板について「畑に吊してあった威し板」と解説した。一方では先の『斐太後風土記』の挿図にある、番小屋に備えられていた板を思い起こす。この京ヶ島村文書には、特に番小屋という記載は全くないことから、威し叩き板がどのような状況で設置されていたかは不明である。しかし少なくとも、十月二十三日という時点にて威し板が畑にあったことは確かである。これが番小屋の入り口に置かれていたものか、畑の隅木に吊されていたものかどうかはわからない。しかし、猪を追う必要のあるのは夜間が主であったと思われ、この点からすると夜追いのための小屋が建てられていた可能性は高く、小屋と威し板とはセットになっていたものと考えたい。但しこの問題が生じた時期の十月二十三日、畑の耕作物は殆ど収穫は終わったものとみられ、小屋番の時期は大方過ぎていたと思われる。畑の主である六左衛門が紙の原料である楮を、畑に伐採に行っていることからもわかる。番小屋の必要な時期が終了した際には、小屋を解体することになろうが、それでも日中に猪や鹿が出現する機会があり、そのためにも威し板だけは畑に吊りしておくといった方法がとられたことも考えられる。なお、この事件が起こった場所は、両村の入会の秣場とみられ、ここに京ヶ島村の者が畑を作っていたということであろうか。その点通常の田畑とは異なった利用のされかたがなされていたのかもしれない。

明細帳によると京ヶ島村は高五十四石余、そのうち畑高が三十五石余という山村で、畑作物は粟、稗、きび、たばことされる。拝借鉄砲も四挺を数える。

訴訟に関する史料ではあるが、山村にて猪や鹿を追い払うための威し板が使われていたという実例を示す史料として、重要である。甲斐国内にても広く用いられていたのであろう。

④まとめ

甲斐国にても猪鹿害を防ぐために番小屋での追い払いが行なわれていたことが、少ないデータからであるがつかむことができた。これらをまとめると次のようになる。

1　季節的な仮設の小屋であり、特に稲のみのりを意識した時期に設けられるが、地域によっては雑穀類や麦などの畑作物の収穫期にも用いられていた可能性もある

2　二人一組にて泊り込み、終夜の追い払いを行なう事例がいくつかみられた。これは村共同の作業として当番

制のもと実施されていたものとみられる
3 小屋掛けや人足賃は村夫銭の対象となる
4 一つの村にて複数の番小屋が設置される
5 追い払う方法としては、声を出す、板を叩くといった方法が考えられるが、他国の事例から鳴子や笛も用いられた可能性はある
なお、威鉄砲での追い払いは、その保有数や機動制からみても、昼夜を問わず耕作地や村中での巡回という広範囲での利用に供されたものと考えられ、番小屋では鉄砲は用いられなかったものと思われる。
6 番小屋での追い払いは複数ある防除対策の一つであり、猪や鹿の出現状況により、他の方法と組み合わされ実施されたものとみられる

以上であるが、今後さらに史料集収することにより、建物の構造や追い払う方法、さらには共同作業としての順番制など具体的な様子が捉えられるものと思われる。特に信濃居倉村の史料のような、追い払いに参加した人名の載る記録あるいは当番表のようなデータが残されている可能性もある。このような具体的な史資料の発掘もこれからの課題である。

四　狼札に託した願い

村明細帳や夫銭帳には猪鹿害に対しての防除対策として（1）生息環境の整理（棲みやすい薮や草の除去）、（2）威鉄砲や小屋番による追い払い、（3）猟師による殺傷、（4）猪垣による遮蔽・囲い込み、といった実質的な対策が記録されていた。ところがこのような実力行使以外にも、実は「神頼み」といった精神的な対策が少なからず行なわれてきたのである。村総体としてかかわってきたさまざまな工夫、それでも納まらないような時、人々は神仏にも救い

の手を求めたのである。

すでにみてきたように、表4には村夫銭帳に載る猪鹿防除に関する事項をまとめておいたが、この中の「その他」に狼札の信仰も記入しておいた。

表4（1）菱山村の享和二年夫銭帳にある、「三峯山猪鹿除御眷属八疋拝借御礼金并夫持方」としての九十七匁七厘もその一つである。これは、猪の出現を抑えるための狼札の借用とその祭祀にかかわる経費のことである。武州秩父の三峯神社は狼を祭る神社としてその信仰を高めていたことは、よく知られている。狼は猪や鹿の天敵でもあり、これに猪などの獣が近寄らないことを祈る信仰である。ここにて発行される狼札は、町方では盗難・火災除け、村方では猪鹿除けの効力があることから今なお参詣者は多い。もとより三峯神社は修験道にかかわる信仰の山として発達したものが、江戸時代享保年間に入山した日光法印という宗教者が山犬の神札を発行して信者の拡大をはかったと記されている（沼野一九八九）。信仰の仕方としては三峯講という形が一般的であり、関東地方を中心に、山梨、長野、新潟、福島にもこの講が広まっていた。山梨県内での三峯信仰については、昭和六十一年山梨県による民俗調査報告書記載の「信仰的講集団の名称」が参考になる（山梨県教育委員会一九八五）。これによると三峯講二十三ヶ所が継続しており、地域では旧三富村、旧牧丘町、旧塩山市、旧山梨市などの秩父往環沿いの村をはじめとして、旧長坂、旧小淵沢などの北巨摩、旧櫛形町、旧田富町、旧南部町、旧市川大門町、旧三珠町、旧上九一色村などの中巨摩、南巨摩、西八代郡域にまで及んでいる。江戸時代の詳細な状況は不明であるものの、現代よりさらに深い信仰があり、特に猪鹿害が激しかった後期には獣害除けのためのお札拝借は盛んに行なわれたものと推測できる。

それが菱山村夫銭帳にも表われたものであろう。ここでは「猪除御眷属八疋拝借」に対する借用金とその「夫持方」にかかる経費とで、合計銀九十七匁七厘が費やされている。猪除御眷属とは狼を表わすが、ここでは狼そのものを連れ帰りこれを夫持したということではなく、実際は狼札を八枚拝借したのである。「夫持方」とはそのお札を施設に収め、御供物をあげてお祈りすること、あるいは主だった田畑などに立てて祈ったことなどの行為を意味する。ここでの祈願は、猪や鹿害に対する防除なのであり、鉄砲による追い払いや狩猟といった実行力に加え、神仏にすがらねばならないほどの被害がもたらされていたことが理解できる。実際菱山村の同じ夫銭帳には鉄砲焔硝代に加え、猪四疋・鹿七疋が駆除されていることが記録されている（表4）。なお、同じ山梨郡栗原筋の（2）山村夫銭帳には、猪鹿防祭入用として十二匁があげられている。この祭りの実態は不明であるが、菱山村の事例により、三峯神社から借用してきた狼札にかかわる祭りの可能性もあろう。

さらに狼信仰の内容や実例について、踏みこんでみよう。

狼を祭る神社は全国的には岩手県から岡山県まであり、特に静岡県磐田市の山住神社、京都府舞鶴市の大川神社、兵庫県養父町の養父神社などはよく知られている（栗栖二〇〇四）。関東では三峯神社が有名であるが、他にも秩父地方には狼とか山犬を祭る神社は多い。これらの信仰は江戸時代中頃以降に盛んになったもので、猪除けばかりでなく都市部を中心に火災や盗難の災難を避けるにも効果があったという。

三峯神社の狼札は一枚で人家五十戸を守護することができ、それ以上の戸数があるときは二枚以上を拝借、そして一年後には神社に返却しなければその霊験は持続しないとされる（山口一九九九）。三峯神社が所蔵する「御眷属拝借指南」という書き付けにその拝借や返却の仕方が述べられており、これも山口氏の論文に写真にて原文のまま紹介されている。山梨県立博物館の高橋修氏に読み下していただいたが、要約すると、狼札を拝借し村に戻った際には清浄な火によりお焚き上げすること、鎮守の宮あるいは清浄な場所に茅や藁を用いて作った宝殿に納めること、毎月十九日の晩にはお供えを献上しお焚き上げすること、一年以内に返却すること、などが記述されている。八ヶ岳西麓にある信濃国乙事村（現在の富士見町）では、拝借してきた狼札を「関谷尾根下横道南の地に、茅の神殿を造って安置して平穏を祈願した」という（久保田一九八九）。まさに指南書のとおりである。八枚の御札を拝借してきた菱山村でも同様な施設に祭ったものと思われる。猪害除けということから耕作地の複数の箇所に、施設を設けたのであろうか。

ところで狼札は意外なところでもその効力を発揮したという。安政五年に流行したコレラ予防のことである。三峯

神社に伝わる『神徳記聞』という文書には、

「アメリカより渡り候悪獣の業にて狐狼狸《ころり》といふ病気の由　追々参詣群集神犬拝借のものは右病相遁れ　秩父郡中当者権現の御功しにて悪病無之」

と記され、さらに次のような例があげられている。

「甲州巨摩郡下中条村羽中田佐衛門、同弥兵衛、御犬拝借御仮屋に安置、朝夕□をついで一心不乱に祈願致した」ところ、ある朝御仮屋の前に犬の足跡とともにみたこともないような獣が喰い殺されていたという（千島一九九三）。コレラを外国の悪獣がもたらす病気と考えた当時、その得体の知れぬ害獣を退治することができるのも狼であると銘打ったところに、三峯信仰の妙技を窺うことができる。この真偽は別として、狼札を「御仮屋に安置」することは、先の「御眷属拝借指南」のとおりでもある。実際、コレラ予防に際して三峯神社から狼札を拝借した記録もある。山梨郡万力筋八幡村名主の市川喜左衛門により記録された『安政五年午八月暴瀉病流行日記』には、「一、又当村組々講中相立三峯山へ代参立、御現足拝借す、」とあり、ここでも御現足（御眷属＝狼札）を借用したことがわかる（山梨市二〇〇四）。

　狼札への信仰、それは猪や鹿をはじめとして人々に害を与える動物を追い払ってくれることへの願いであり、そのような効能が当時の農村に広くいきわたっていたのである。信濃と武蔵との国境にある十文字峠、その麓に位置する梓山村（現在の長野県川上村）には、元治元年（一八六四）八月から慶応二年（一八六六）年十月までの峠を通行する者の名簿が残されている。この中に甲州巨摩郡、山梨郡、八代郡をはじめ、信州佐久郡、築摩郡、松本、諏訪郡、伊那郡、さらには上州・遠州などの村からの三峯山代参者の名前がみられる。三峯神社の信仰が、これらの村々にまで及んでいたことがわかる。

　先に紹介した山梨郡菱山村の場合、十文字峠ではなくより東方の雁坂越えで三峯山に向かったと思われるが、「御眷属御礼金并夫持方」として銀九十七匁七厘が費やされていた。狼札八枚と夫持方（祭祀料）としてこの金額である。

同じ山梨郡栗原筋の山村夫銭帳には、猪鹿防祭入用として十二匁があげられている。この祭りの実際は不明であるが、仮に狼札への祭りに銀十二匁程度が必要であるとしたら、菱山村の銀九十七匁七厘の中味については、狼札八枚で八十匁前後となり、一枚が十匁程度と推測できる。これにより一年間効力が持続するのである。

現在でも三峯神社では狼札・悪疫除札・盗賊除札・火除札を扱っている。今もなお、狼への信仰は生き続けている。

第三章　猪害対策の極み――猪垣《ししがき》――

一　文献に残る猪垣の記録

猪害の防除には威鉄砲を持ちながらの見回りや猟師による殺傷といった攻撃的な手段だけでなく、守備的とでも呼べる対策も行なわれた。猪害対策の極みともいうべき猪垣の設置である。これは猪や鹿の侵入をさえぎるため、耕作地を囲い込んだり遮蔽したりする施設である。個々の畑を囲む柵もこれに含まれるものの、ここでの「猪垣」とは村の耕作地全体を囲い込むといった、より広範囲を対象とした施設と考えた方がよい。個々の耕作地を守るといった意味合いだけではなく、人の居住空間と動物の生息地との境界線という表現もできる。「ここまでは君たち動物の領域としよう。でもここから先は立ち入ることまかりならぬ」とでも言うような「結界」としての意味合いも強い。

このような村の境界的な施設でもあることから、やはり村全体での共同作業により築かれることになる。設置にあたっての覚書や議提書などの公的な文書が残されている例もあり、村人総意で構築し、そして守っていく施設であることがわかる。

すでにみたように村明細帳には、「猪鹿垣根」（寺沢村）、「猪鹿かこひ」（矢細工村）、「わち」（古長谷村）などの名称で登場するが、覚書や議定書などでは「猪堀」（竹日向村）、「輪地」（大明見村）、「志ゝどて」（鳥原村）と呼ばれていた。これらの構築材には木、土、石などが用いられており、木柵や土手、さらには石積みといった形態となっている。中には土手の上に木柵や植樹が伴うものもある。これらが総称されて、一般には「猪垣」と呼ばれている。猪垣は江戸時代をとおし全国各地域にて作られており、これまでにも各地の研究者により調査が進められている。特に矢ヶ崎孝雄氏は猪垣の全国的な分布や特徴をまとめている（矢ヶ﨑二〇〇一）。この成果によると、密度には差はあるものの北関東付近から沖縄まで構築されていたことが捉えられている。特に長野、岐阜、愛知一帯には多く分布し、さらには東海以西には石積みの立派な猪垣が多く残されている。但し猪垣の残る地域は山間部であり、古文書の調査とも合わせて現地確認することにより、はじめてその所在がつかめるという難しさがあり、まだまだ未発見のものが多い。これからの調査に期待される点は大きいと言える。

ここでは、甲斐国における猪垣について、現地調査の成果も含めながら紹介していきたい。

①巨摩郡矢細工《やさいく》村享保二十年明細帳（山梨県一九九六a）

矢細工村は、富士川右岸にある富士見山に抱かれた山間部に位置する村で、現在の南巨摩郡身延町（旧中富町）矢細工地区に該当する。現在でも猪や鹿が多く出現する地域でもある。明細帳には次のように記されている。

一　当村猪鹿かこひ七百廿間、鳥屋より内くね迄
一　長弐百五拾間、あし頭より水尻迄
　二口〆九百七拾間、此杭数壱万九千四拾本、但壱間ニ廿本宛、是ハ当村御田地猪鹿かこひ之ため村入用ニて
　ゆひ立置、壱年ニ二度宛年々繕普請仕申候

要約すると、矢細工村には二ヶ所に猪垣が設置されており、二ヶ所合わせて九百七十間（千七百四十六メートル）に及んでいることがわかる。この囲いは杭によるもので一間あたり二十本合計一万九千四百本（原文では壱万九千四拾本となっている）を、村入用のゆいにより構築し、一年間に二度の修繕を行なうと記されている。

②巨摩郡古長谷《ふるわせ》村享保二十年明細帳（山梨県一九九六a）

古長谷村も矢細工村の南に隣接する山間の村である。明細帳には次のような記述がある。

わち
一　長千弐百間　但シ壱間ニ林《ママ》ニ木廿二本ツヽ、長六尺
是ハ猪鹿囲わち当村分内百姓人別持高ニ割付繕申候、為囲植木わち通江仕候而壱ヶ年ニ弐度宛破損仕候、入用ハ持分切ニ仕候
一　わち戸前五ヶ所　但シ高七尺五寸ニ幅六尺
是ハ繕入用ハ惣高ニ而割合仕来リ申候

以上の記載からみて、この古長谷村の猪垣も矢細工村と同じように木柵であることがわかる。一間につき長さ六尺の杭を二十二本宛ということから、矢細工村よりもやや密ではある。この猪垣には「戸前五ヶ所」ということから、通路の箇所には開閉するための戸が設けられていたこともわかる。さらにこれらの修理については、百姓の持高により割り付けられていたことも記載されている。

③巨摩郡寺沢村文政十一年明細帳（中富町誌編纂委員会一九七一）

寺沢村も同じ富士見山麓の村であるが、矢細工村や古長谷村よりも富士川沿いに位置している。ここでは「男女共ニ猪鹿垣根造リ申候」と記載されている。

以上の矢細工村、古長谷村、寺沢村の事例から、山梨県の南部に位置する富士川右岸富士見山麓一帯では木柵による猪垣が一般的であったことがわかる。

④巨摩郡下円井《しもつぶらい》村安永九年「村中相談定書帳」（韮崎市誌編纂委員会一九七九）

下円井村は現在の韮崎市円野町に当たる、富士川右岸の山沿いの村である。

「一　当子春村中相談を以、田畑猪・鹿防之ため、内山通ヲ猪垣致候処、随分丈夫ニ相造候得共、（後略）」

この儀定書は、垣内に立木が多くこの中に猪や鹿が籠り入ることから、薪山として伐り払うことを定めたものであるが、この書き付けの内容から獣害を防ぐために猪垣が築かれたことがわかる。

⑤巨摩郡鳥原村安永九年「指出シ志ゝどて一札之事」（白州町誌編纂委員会一九八六）

鳥原村は現在の北杜市白州町にあり、矢細工村などと同じ巨摩郡でしかも富士川右岸に位置するものの、かなり上流域であり山梨県内では北部に位置する地域である。

この文書には「鳥原村之儀、（中略）志々どて高四尺・かき弐尺、高壱石ニ付五間弐尺宛普請（中略）右普請之場所常々申合小破之節修復を加へ可申候」とあり、土手と垣根とで高さ約一・八メートルの猪土手を各戸分担で構築し、日々の管理を行なっていたことが記録されている。この猪垣は現在も土手として残っている。

⑥山梨郡徳和村天保期「年中規定書」（三富村村誌編纂委員会一九九六）

徳和村は、現在の山梨市三富地区で笛吹川の上流地域に位置する山間の村である。ここに残されている天保年間とされる規定書には村の取り決めが一項目ずつ記されており、猪垣に関しては次のような記載がある。

一　猪鹿威垣根相談見分之上相極ニ候
　　追而見分之上戊之相談

このことから、徳和村にてもかつては猪垣が構築されていたことがわかる。

⑦山梨郡竹日向村《たけひなた》

1　文化六年「猪囲議定書の事」、2　文化六年「猪堀数間道筋万覚控帳」、3　文化七年「猪堀見廻議定の事」（甲府市市史編さん委員会一九八九）

竹日向村は現在の甲府市竹日向町である。甲府市北部の名勝地「御岳昇仙峡」に接した山間の地である。ここにあげた三つの史料はセットとなって、山間の村である竹日向村における猪垣の設置と管理の実態がよくわかるものである。まず1では、村として猪囲いを行なうこと、及び設置の分担のことなどの基本的な合意事項が記されている。2は1の議定で決められたことの実践に当たるものであり、総距離や個人個人の設置分が克明に記されている。これについては後で詳しくふれる。3は、完成後の維持管理にかかわる約束事などが記載されている。

これら三点の史料は猪垣構築に当たっての具体的な方法や管理の仕方までが詳細に記録されているもので、実に重要な史料である。しかも現地には石積みにより構築された猪垣遺構もよく残されている。これらの詳細については次の項で紹介していきたい。

⑧都留郡大明見《おおあすみ》村文化九年「猪鹿留輪地願ニ付村方連印帳」（富士吉田市史編さん委員会一九九四b）

大明見村は、富士山の北麓に位置する現在の富士吉田市大明見地区である。ここには輪地《わち》と呼ぶ、いわゆる猪垣を設置する際の史料が残されている。

「一　当村耕地年々猪鹿発向ニ而、（中略）今般村方相談之上右猪鹿留与して山内江輪地筋引通度、（中略）尤右場所ニも土手をつき、木品植附生垣木いたし候（後略）」

これは猪や鹿を防御する輪地を構築するための願書である。公有地のみならず私有地をもとおることから、村中一同の共通認識のもといわゆる猪留の柵を結っていくもので、柵をとおしていく場所の小字や個人名それに土地の俗称などが次々と登場する。ここでの猪垣は、土手を築きそれに「木品植附生垣木」「生垣詰垣」し、ところどころに木戸が立てられるといった構造である。

やはり現地調査の結果、当時の輪地の痕跡がよく残っていることが確認できた。

以上のように文書に残る記載からは、甲府盆地内での山寄りの地域や富士北麓地域にて猪垣が作られていたことがわかる。これらには木柵（矢細工村、古長谷村など）、土手と木のセット（鳥原村、大明見村など）、石垣（竹日向村）といった種類が記録されている。名称についても「わち」（古長谷村）「猪鹿かこひ」（矢細工村）「猪鹿垣根」（寺沢村）「志、どて」（鳥原村）「猪垣」（下円井村）「猪鹿威垣根」（徳和村）「輪地」（大明見村）「猪堀」（竹日向村）などがみられ、地域性が豊かであるとともにそれぞれの性格がよくわかる呼び方がなされている。

具体的な構造について、まず木柵では高さ六尺（百八十センチ）の木杭を矢細工村では一間につき二十本、古長谷村では二十二本打つという記載があり、それぞれ九センチおよび八センチ間隔という密度の高い柵であることがわかる。特に古長谷村明細帳からは、道路にあたる箇所には出入りのための扉が設けられていたようだ。

鳥原村の「志、どて」では、高さ四尺の土手とその上の高さ二尺の垣根（木柵）から構成されることがわかる。土手と垣根とがセットになって六尺の高さの防御施設が巡っていたことになるが、土手を築くためには堀を掘ってその土を積み上げることが普通であることから、土手下には堀状の窪みが走っていたものと推測できる。「土手をつき、木品植附生垣木いたし候」という大明見村の輪地も同様な事例である。

下円井村および徳和村事例では「猪垣」「猪鹿威垣根」と呼ばれるだけで、その詳しいことはわからないが、これらも木柵であったと思われる。特に下円井村にて猪垣の該当する場所を何度も訪れたが、猪垣の痕跡を確認することはできなかった。このことは土手や石垣は用いず、木の柵だけであったからではなかろうか。矢細工村や古長谷村の例も土手は伴わない、木柵であった可能性が高いものである。これからも現地調査をさらに実施し、これらのことを確認していきたい。

石積みによる猪垣は竹日向村にて確認できた。文書類には特に構造は記録されていないが、現地には高さ一メートルから二メートルにもおよぶ石垣とその直下の堀状の窪みなどが残されている。

これら猪垣の構築には相当な労力や経費が費やされることになるが、実はその維持・管理も大切な作業であったわけであり、鳥原村では日々見回り小破の場合には修復、古長谷村及び矢細工村では年間二度の修理、竹日向村では月番を決め交代で見回りをするなどの記録が残る。猪垣の設置や日々の見回り・修繕は村をあげての重要な事業であったのである。

以上の文献史料にある猪垣のうち、現在もその痕跡を留めているものが少なからず確認できている。鳥原村、大明見村、竹日向村の猪垣であり、さらには文献はないものの現地調査の結果、その可能性がある本栖村の例などである。次の項では、これらの現地調査の成果も加えながらその実情をみていきたい。

二　現地確認できた猪垣

（一）鳥原村の猪垣

①鳥原地区の概要

現在の北杜市白州町鳥原が、江戸時代の甲斐国巨摩郡武川筋に含まれる鳥原村である。文化十一年（一八一四）完成の『甲斐国志』村里部には次のように記されている。

鳥原《トリハラ》村

一　高三百五十四石八斗八升　戸九十三

口三百八十二　男百九十　馬五十二

女百九十二　牛十八

白須村ノ西北三十町ニ在リ南ハ濁河北ハ流河　一名玉峡河　各々釜無河ニ注グ

このように富士川上流の釜無川右岸に立地する村で、釜無川沖積地に面した低位置の河岸段丘（中位河岸段丘）及び山地裾にまでつながる高位の河岸段丘とに発達した村である。段丘上には平坦地が広がり、現在はきれいに整備さ

第5図　鳥原村（現北杜市）の猪垣（1／15,000）（━江戸時代の猪垣　┅現代の電気柵）（新津2006より）

れた畑が続いている。この平坦地には縄文時代の大集落跡である上小用遺跡（第5図A）が知られているとともに、戦国期に機能を発揮した教来石民部館跡（第5図B）が残る。歴史的にも集落や館の形成に適した土地であるとともに、生産の場としても活用された価値ある土地であったことがわかる。水田は山地から流れ出す松山沢川沿い、及び甲州街道が走る低位河岸段丘上に発達している。猪垣は、高位の河岸段丘と接した西側山地の尾根から裾にかけて構築されている。

『甲斐国志』に記載されているとおり石高は三百石以上あり、耕作に適した土地であることがわかる。以下この鳥原地区に残る史料と現地の遺構とから、猪垣の実態を紹介してみたい。

②文献に残る猪垣の記述

『白州町誌』資料編には、鳥原村の猪垣に関する史料が二点掲載されている。これは次のとおりである。

（1）指出シ志、どて一札之事

一　鳥原村之儀、猪鹿殊外田畑荒シ候付、當子二月中より段々御相談申、村中申合入作之衆中迄御相談之上ニて、志々どて高四尺・かき弐尺、高壱石ニ付五間弐尺宛普請所場所人別ニ請取、厳敷かきを致し、人別之分日々に急度相廻り、右普請之場所常々申合小破之節修復を加へ可申候

安永九年子三月十一日

一　西之持山に茂右普請御用所に木伐取申間敷候

清左衛門
半左衛門
外十一人

（2）村中吟味合番帳

一　為猪鹿防之土手筑立候上ハ、村中随分吟味いたし合、日々ニ早朝ニ壱人ツヽ流端より六郎田之分迄見廻り、□□分ニ而土手破り候と急キ名主方へ致通達、其日之内ニ為致破損可申候、万一等閑ニ致置候ハヽ急度吟味可仕候、此番帳家壱軒ニ而一日宛相勤家並ニ相廻シ可申候、以上

安永九年子四月

鳥原村

名主
長百姓
百姓代
組頭
惣村中

（1）の史料は「志、どて」すなわち猪垣設置についての申し合わせ書である。その理由としては、田畑の作物に対して猪や鹿の害がことのほか激しくなってきたことがあげられている。そのため作付けを行なっている者全てが一致協力して、猪垣を作ることになったのである。ここで猪垣の規模・構造が確認できることは興味深い。それは高さ四尺の土手に二尺の垣根を設置すること、すなわち土を一・二メートル盛り上げた土手とその上に構えた高さ六十センチの柵から構成されることがわかる。こうして全体の高さが一・八メートルという猪垣の実態が判明する。この設置については、石高一石につき五間二尺（約九・六メートル）という分担まで記載されている。

次に、猪垣設置にむけての村中での相談は二月から始まっており、度々の会合の結果三月十一日には合意に至り、上記の一札が取り交わされたこともわかる。これに（2）の史料を加えると、猪垣完成までの工事期間がある程度推測できる。この（2）は、猪垣完成後の維持管理のための見廻り番帳である。猪垣の機能を保つためには、日常の管理と絶え間ない補修が必要となるが、そのための見廻り手順がここに規定されているのである。この史料の記載期日が安永九年四月となっていることから、この頃には猪垣が完成していた、あるいは完成間近であったとみることができよう。従って、三月中旬着工として四月内に完成ということになり、およそ一ヶ月から一ヶ月半の日数で完成したことになる。この種の施設は一度にしかも耕作が始まるまでの短期間に作り上げることが肝要であったことになり、鳥原村の史料からも窺うことができる。

完成後の見廻りについては「日々ニ早朝ニ壱人ツヽ流端より六郎田之分迄見廻り」とあることから、交代制により毎日一人ずつ早朝に実施することがわかる。その範囲は、流端から六郎田迄ということになるが、この具体的な場所については次の項にてふれる。

③確認できた猪垣

前項の二つの史料により、安永九年（一七八〇）という江戸時代後半期でも比較的早い時期に、この鳥原村に猪垣が設置され維持管理され続けたことがわかった。ではその設置された場所ならびに実態はどうであったのか。二〇〇四年十二月から二〇〇五年四月までの間に四日間、現地踏査を行なった。地元の古老から、かつて石尊神社付近の山に土手があったという情報を伺ったことからその方面に向かった。福昌寺という寺の脇から尾根に上がったところがクヌギやコナラの雑木林となっており、それら木々の間にわずかばかりの高まりが蒲鉾状に続いているのが確認できた。この土手の高さは、外側（山側）が六十〜七十センチ、内側（かつての畑側）が七十〜八十センチであり、上部幅九十センチ前後、裾幅二百四十センチ前後を測る（第6図断面1）。

土手の外側は浅く窪んでおり、これが土手に沿って堀状に走っていることが見て取れる。ボーリング棒にて突き刺すと簡単に一メートルは入ることから、この部分の土を掘り上げて土手を築いたことが推測でき、結果として堀をなしていたものと考えられる。発掘調査を行なえば、本来の深さや土手の状況がわかるだろう。

この土手を追って北に進み、尾根の張り出しに応じながら蛇行を繰り返すとやがて流川右岸の断崖に至る。途中とぎれながらも、土手はこの段丘の肩までは確認できる。その先は不明であるが、おそらく河岸段丘の急斜面にて終結するものと思われる。このように福昌寺裏山から流川に至るまで蛇行しながらも、南北にほぼ一直線に構築された猪垣であることが確認できた。なお福昌寺裏山の尾根は、南側にて松山沢川の浅い谷に落ち込んでいることから、猪垣の南端はこの沢までということになろう。第5図に猪垣の位置を示し、第

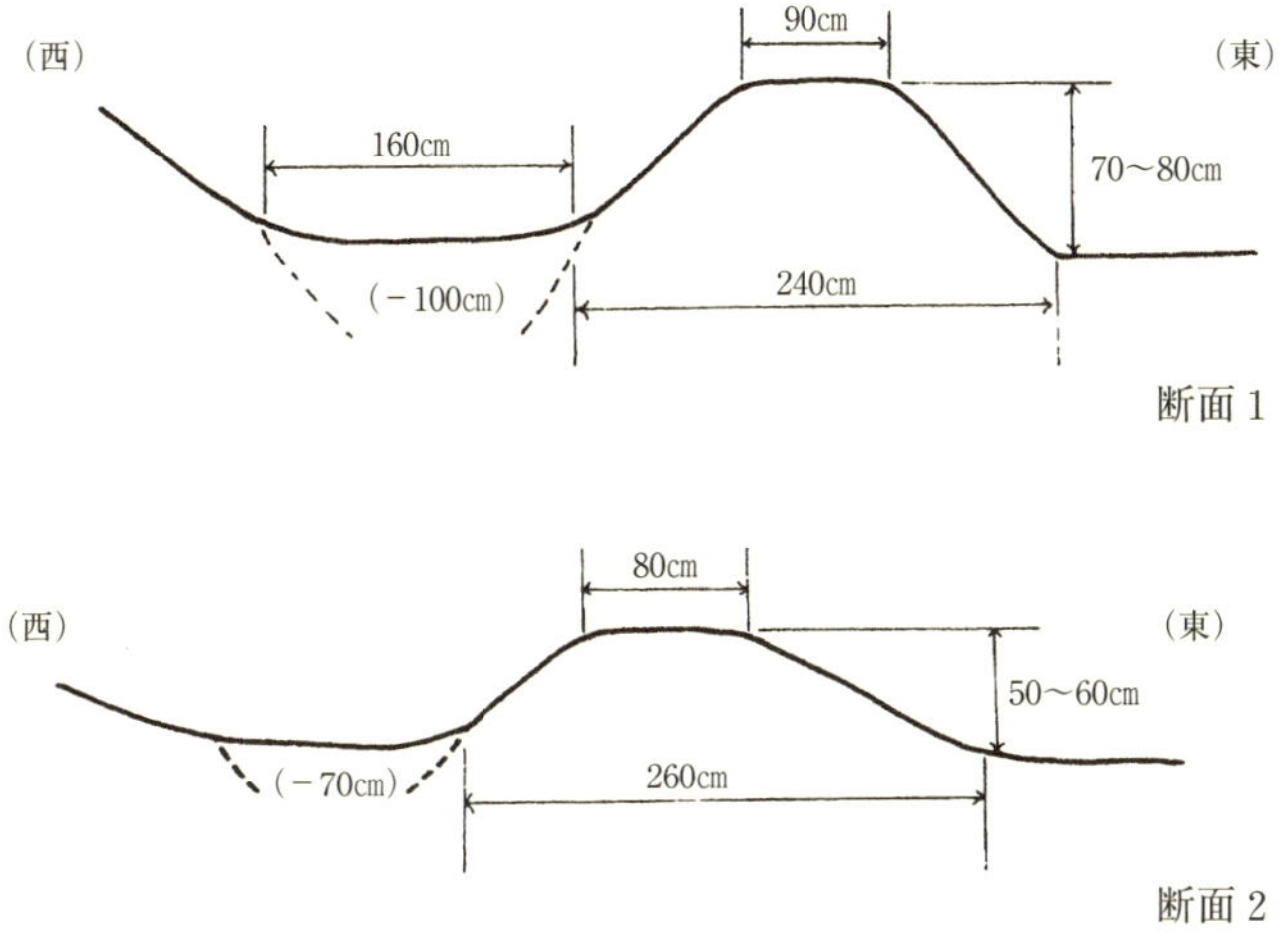

第6図　鳥原村猪垣断面見取図（新津2006より）

写真1　鳥原地区に残る猪垣

6図に断面の様子、それに写真1を載せておいた。断面図の位置、写真撮影箇所については第5図を参照いただきたい。

以上のことから鳥原村の猪垣は、南側を松山沢川護岸を起点として北は流川の斜面にまで続く、およそ一キロメートルほどの長さで築かれたものとみられる。この南北の両地点については、史料（2）に記された「日々ニ早朝ニ壱人ツヽ、流端より六郎田之分迄見廻り」（傍線筆者）という一文にみられる「流端」「六郎田」がこれに該当する可能性がある。流端というのが流川の辺りであるとともに、六郎田というのが松山沢川堤防沿いの場所であったと思われる。但し六郎田については、六郎という者の田という意味なのか、その場所の通称なのかは不明である。このように史料（2）に記載された二ヶ所の地名が、今回確認できた猪垣の南北の起点を表わすとしたら、この間の約一キロメートル全体を毎朝一人ずつ交代で見廻り、破損箇所などの異常がないかどうかチェックすることが取り決められていたことがわかる。

次に、猪垣の構造についてふれておく。鳥原村の猪垣が、高さ四尺の土手と高さ二尺の柵から構成されることは、さきにみた史料（1）のとおりである。この土手の土は柔らかく、木の幹や枝を差し込むにはそう苦労はなく、簡便に木を打ち込み柵を結ぶことができたであろう。土手として盛り上げるには、主に山側の土を掘って積み上げたものと推測できる。従って土手の山側には、堀状の窪みが盛り上げた土手と平行して走ることになる。結果として、堀の深さと土手の高さとが合計され、猪や鹿の侵入を防ぐのに適した規模となる。

現地調査の結果では現地表から五十センチ〜七十センチの高さであった（第6図）。維持管理が行なわれなくなってから相当の年月が過ぎていることもあり、原状を保っていないことになる。本来は高さ四尺の土手の上にさらに垣根（柵）が設けられることにより、全体として高さ一・八メートル、総延長一キロメートルの猪垣が村里と山とを隔てていたのである。

④猪垣の構築と効果

鳥原村では先にふれた史料（1）では、「（前略）高壱石ニ付五間弐尺宛普請所場所人別ニ請取、厳敷かきを致し（後略）」とあり、一石につき五間二尺、一間百八十センチとして一石当たり九・六メートルの分担ということになる。史料（1）の「差出シ志ゝどて一札之事」に名前を連ねる十三名がこれにかかわる者とした場合、一軒当たり平均七十七メートル、間数にしておよそ四十三間を構築することとなる。なお垣根についての詳細は分からないが、先にみたように矢細工村享保二十年明細帳の「猪鹿かこひ」は一間につき杭二十本、古長谷村享保二十年明細帳の「わち」は一間につき二十二本の杭から構成されている。これらの例では八センチ〜九センチ間隔で杭が立てられることになり、相当密度の高い柵ということになる。但しこれらの柵はそれ自体が長さ六尺であることから、土手がなくとも十分に防御は可能な規模であり、高さ四尺の土手を伴う鳥原例ではここまで密な垣根でなくとも、機能を果たすことは可能であろう。

このような猪垣の構築期間については鳥原村の場合、史料からは三月中旬着工として遅くも四月内に完成したことが窺われ、一ヶ月から一ヶ月半の日数で完成したと思われる。この種の施設の性格として、一気に仕上げる必要性があったことはすでに述べたとおりである。しかも構築後は維持管理が継続されなければならないことも、先にみた二種類の史料のとおりである。

さて、このようにして築きそして管理し続けた猪垣ではあるが、その効果はいかがであったのだろうか。直接猪垣の効果についてふれられた史料は知らないが、文化十三年鳥原村夫銭帳（白州町誌編纂委員会一九八六）が参考になる。ここでは猪鹿害への対応として、鉄砲の焔硝代及び弾代として銀百四十一匁五分が消費されている。鉄砲での猪追いが必要とされた証拠であり、しかも当年の村総支出の九パーセントがこの鉄砲にかかわる経費として消費されているのである。文化十三年とは猪垣が完成した安永九年からは三十六年後に当たる年であり、当然猪垣は機能していたとみてよい。文化年間という時期は、甲斐国全体でも猪害は多かった時期でもある。このように猪垣が機能していながらも、他の方法も加えながら防除に当たらなければならないほど獣害の激しい時期もあったのであろう。

そして現在もまた、猪鹿猿などによる害が激しくなってきている。山梨県内各地での聞き取りでは二十年位前から猪鹿猿などによる農作物への被害が増加しており、鳥原地区でも同様の傾向である。これら獣害に対する対策については、個人による耕作地への囲い込みが一般的であり、トタンや網などにより囲われた畑や田が点在する風景はごく通常となっている。これに加えて自治体や地元組合などの団体により広域的な電気柵を設けることも、多くなっている。鳥原地区にて猪垣の調査を行なっている際にも、このような電気柵が目についた（写真2）。しかも、猪垣が走っている尾根裾に平行して電気柵が設置されているのである。猪が出現し作物に被害を与える行為や場所が、江戸時代も現在も変わらないこと、そしてなによりも獣対策における防除の方法が、二百年の時を越えても基本的には同じであるということは驚きでもあった。電気を流すということに若干の攻撃性は加わったものの、遮蔽するという方法は全く同じなのである。

写真２　現在の猪垣〜電気柵

この電気柵の位置も第5図に示しておいた。電気柵の高さが猪垣と類似することは興味深い。さらに支柱の間には縦十五センチ横十センチほどのメッシュに鉄線が張られているが（写真２）、このメッシュの横幅十センチというのは、先に紹介した矢細工村や古長谷村での柵間隔八〜九センチと類似していることは興味深い。この電気柵の上部に三本電線が張られていることは、猪除けというよりも猿に対する備えである。もちろん猪を意識した電気柵が用いられている地域もある。

このように高さ、メッシュ間隔、通電など完璧なまでの備えが施されており、江戸時代の猪垣に比べると数段進歩した施設ということが言える。しかし被害がなくならないケースもある。各地区の電気柵をちょっとみただけでも、電線が垂れ下がっていたり、下部のメッシュに隙間があったりする箇所も認められるからである。猪垣設置後の取り決めとして重要なのは「日々ニ早朝ニ壱人ツヽ流端より六郎田之分迄見廻り」（史料２）「小破之節修復を加へ可」（史料１）とあるように、毎日の維持管理なのである。加えて獣の出現率の高い年は、さまざまな方法を駆使して追い払いや退治を行なうのである。

電気柵が設置された範囲は第5図のとおりであり、江戸時代の猪垣が一直線に山と里を区画したのに対して、電気柵は中央に広がる耕作地を「コ」の字形に囲むといった特徴がある。南側の集落につながるように台地全体を閉塞するといった方法なのであろう。この中でも特に西辺を南北に走る電気柵が、猪垣と平行していることは山側からの獣の侵入に備えているものであり、まさに江戸時代そのままでもある。この猪垣と電気柵との間には、猪と人との長い歴史の繰り返しが横たわっている。

（二）大明見村の猪垣

①大明見地区の概要

現在の富士吉田市大明見が、江戸時代の甲斐国都留郡大明見村である。『甲斐国志』村里部には次のように記されている。

大明見《アスミ》村

一　高百五十五石八斗二升九合　戸百四十九

口　六百四　男三百四　馬五十二

女三百

西ハ桂川ヲ隔テ下吉田村ト境ヒ北ハ岩石ヨリ西ノ尾峰ヲ限リ東ハマゴシ山ノ峰ニ至リ小明見村ト境フ此山ノ絶頂ニ大小明見・鹿留・内野四村ノ分界封杭アリ東小叉山《コサス》ノ頂上ヨリ峰ツヅキ内野村・忍草《シボクサ》村ト境ヒ南ハ高叉山《タカザス》頂ヨリ米山沢、末ハ桂川ノ辺ニ至リテ中沢堰並ニ忍草村境フ（中略）小明見村ハ古ヘ本村ヨリ分レシ村ナリ故ニ小明見ト云フ文禄ノ検地帳等本村ハタダ明見トアリ

このことから江戸時代以前は広く明見村と称していた地域が、江戸前期には大明見村と小明見村とに分村したこと

になる。この大明見村は桂川に沿うとともに、西尾峰～マゴシ山～小叉山～高叉山などの尾根に囲まれた地域で、周囲を下吉田村、小明見村、鹿留村、内野村、忍草村などと接する村であることがわかる。

生産力については、石高が百五十五石余であり、下吉田村八百九十八石余、小明見村二百九斗余、忍草村三十石余、内野村六十八石余、などと隣接する村との比較では下吉田村のようには高くないものの、忍草村ほど低くはないことがわかる。標高が八百メートル以上もある富士北麓地域にあって二百石近い石高というのは、平均に近い数値ではなかろうか。

なお現在の耕作状況については、桂川沿いや古屋川周辺の低い地域では水田が発達し、南側尾根裾に発達する段丘状の高台には畑が多い。

②文献にみる大明見村の猪垣

『富士吉田市史』史料編（第四巻近世Ⅱ）に大明見村に設置された猪垣に関する、きわめて重要な史料が掲載されている。文化九年九月十五日付けの「猪鹿留輪地願ニ付村方連印帳」である。全文は長いことから、ここで全て引用することは避けるが、要旨は次のとおりである。

1 当村の耕地には年々猪や鹿が出現し、収穫に特段の支障が出ている
2 そこで村中で相談し、猪鹿が入り込まないよう山内に輪地（猪垣）を作ることとなった
3 その場所は、村共有地だけでなくそれぞれの所有地も含まれるが理解を求めることとする
4 猪垣は土手を築き、その上に植樹し生垣・詰垣を行なう
5 猪垣を築く場所は次の順で記載されている
中沢御普請所石積～往環（木戸立）～字はらあら佐重郎所持之畑畔～同所武兵衛畑畔～同所勝之進畑畔～同所重郎左衛門畑畔～同所弥五兵衛畑畔土手中～同所弥五左衛門畑畔土手中～村持くずら久保尾根～字月尾根～

高座並木～同社上方横～字中尾根～川上村持林東之方を見下シ～字西沢入口弥五左衛門所持之林畔通り～同所長蔵林畔～字踏打場左重郎畑畔～往環（木戸立）～字長日向九兵衛所持之林畔～同所元右衛門所持之林畔～入山道（木戸立）～同所宇兵衛所持之林畔～同所郷左衛門林畔～同所新右衛門所持之林畔～同所磯右衛門林畔～同所忠右衛門所持之林中～同所長右衛門所持之林～日向筋夫々村方林頭之畔通り～たいろう神森下～小明村当村境之尾根通り～小字上野道宇兵衛林畔通り～金剛坊塚～此所横道（木戸）～日向筋小明見村より当村境之尾根通り～西之尾崎

6　評議の決定に関しては村中一同百四十八名の連印署名が、名主、組頭、百姓代、年寄など合わせて八名宛に願い出されている

以上、文化年間になり猪鹿の害が増加してきたことにより、村中での相談を繰り返した結果、猪垣を設置することで意見がまとまったことがわかる。輪地とは広辞苑では「野獣の害を防ぐための田畑の外囲」と説明されている。前述したが古長谷村享保二十年明細帳では一間につき二十二本の杭を打つ柵を「わち」と記している。大明見村の場合は「輪地筋引通シ土手をつき、生垣詰垣いたし候」とあることからこの囲い込みは、土手と生垣詰垣とがセットになった施設であることがわかる。しかし「土手をつき、木品植附生垣木いたし候処者多中ニ者御高地故、土手もなく、詰垣計之所茂有之始末仕度候様村中無残り気続仕」とも記されていることから、高所によっては土手は築かれないとともに詰垣だけの場所もあった可能性もある。詰垣というのは、生垣が植林を意味するのに対して、切り取った木々による柵といった意味なのではなかろうか。とすれば、大明見村の輪地（猪垣）は原則として土手を築き、その上に一定の間隔で木を植えるとともにその間を杭などにより柵を結っていくといった構造が推測できる。その高さについての記述はないが、土手の上に柵を設けるという同じ構造であった鳥原村の事例を参考にすると、土手と柵合わせて百八十センチ前後というのが一般的であろう。

さて、猪垣設置に当たっては村の共有地だけではなく個人所持地内にも筋道が掛かっており、この同意というのが

一つの解決すべき大きな点ともなっていた。その結果要旨の５に示したようなルートとなっており、しかもそこでの記載の仕方には実に細かい表現がなされている。

まず個人所持地では、「畑畔」「畑畔土手中」「林畔」「林畔通り」「林中を横に引続キ」「林を横に引続キ」などとあり、基本的には畑や林の端をとおしていることがわかる。しかし林及び林中という記載もあることから、所持地の林の中を横切る場合もあったようだ。村所持地の場合は、〜迄見渡し、〜横に見渡し、〜を見下ろし、といった記述があり、特に尾根筋をとおる場合にはこのような表現がなされている。

さて、このようにして評議された輪地願いであり、連印署名者百四十八名、それを受ける名主他村役八名、合計百五十六名がこの大明見村の耕作関係者とみてよかろう。ちなみにこの村の戸数については、冒頭にあげたように『甲斐国志』では百四十九戸と記載されている。猪垣設置に関する署名者および村役合わせて百五十六名とは、この大明見村の戸数を表わした数値とみてよく、このことから村の耕作者全員が納得し、猪垣設置普請に携わったものとみてよかろう。このような多くの人数があったからこそ、四・五キロメートルにもおよぶ猪垣が構築でき、その後の管理も適切に実行できたのである。

③現地に残る猪垣

平成十七年十一月三日から平成十八年一月九日までの間、合計四日間現地踏査を行なった。前述した史料記載の地名及び地形の観察により、集落や耕作地を囲む尾根筋などに見当をつけ、まず西之尾と呼ばれる尾根筋にて土手を確認し、その延長を追うことにより小明見地区との境の尾根や金剛坊付近まで至ることができた。次に地元の方から「高座並木」（高座《たかくら》神社参道の並木という意味か）の場所を教えていただき、登頂の途上にて並木脇の施設や頂上周辺の土手を確認。さらに中沢堤から高座並木に至る尾根を踏査した結果、残存状況良好な土手を把握。最後は高座神社から南東の尾根を下り、そこに走る土手や古木列を記録した。こうして、中沢堤を起点として西之尾崎まで巡る猪垣の

第７図　大明見村（現富士吉田市）の猪垣（１／15,000）（新津2006より一部改変）

およそのルートをつかむことができた（第7図）。

以下、猪垣を設置した道筋について「猪鹿留輪地願ニ付村方連印帳」の記載順に追ってみよう。まず、「中沢御普請所石積より往環迄見渡し」とあるが、この中沢御普請所とは桂川右岸に設けられた堤防のことである。富士山の雪解け水（雪代）は時に川岸を決壊し集落や田畑に甚大な被害を与えてきた。特に天保五年の雪代の被害が有名であるがそれ以前にも度々雪代があり、享和元年の災害では桂川の御普請箇所が全て流出している。その後復旧した堤防が「輪地願連印帳」に記述された中沢御普請所を指すものと思われ、その堤防の石積みを起点として文化九年に猪垣が築かれていったものと考えられる。第7図に示した●がこの辺りであろう。ここから「往環」を過ぎ、「字はらあら」を経て山中に入り「村持のくずら久保尾根」さらには「字月尾根」へと急傾斜の尾根筋へと進んでいく。現在グラウンドとして造成されているその付近から土手の痕跡が認められはじめ、その上方には非常に良好な状態で遺構が残っている（第8図断面1、写真3）。ここでは尾根に沿って裾幅四百四十センチ、上幅百六十センチ、高さ百二十センチほどの土手が走っている。猪垣の機能については、南側が外側となりこの方面からの侵入を防ぐことになることから、この側の高度差が大きい。そのためにも南側の土を掘り下げて土手に盛り上げたらしく、土手裾が堀状になっている。土手の内側もやや堀のようになっているが、高低差は外側ほどではない。なお土手の上にはモミなどの木が植えられている。目通り周囲二百三十センチほどであることから直径七十センチとしても左程の古木ではなく、江戸時代の猪垣に伴った生垣ではない。当初から幾世代かを経たモミなのあろう。当初はここに植えられた木の間に詰垣して柵をつないでいったのである。

土手はさらに尾根を遡って作られており、麓から高座権現社に参詣する山道と合流するようになる。ここが「高座並木」である。目通り直径が六十〜九十センチの松やモミの大木、あるいはすでに朽ちかかっている古木が山道の両側に並んでいる（写真4）。史料では「高座並木を用い」とあることから、この並木を利用して柵にしたことがわかる。実際この付近をよく観察してみると、並木の南側にはテラス状あるいは堀状の地形が平行に走っていることがわかる。

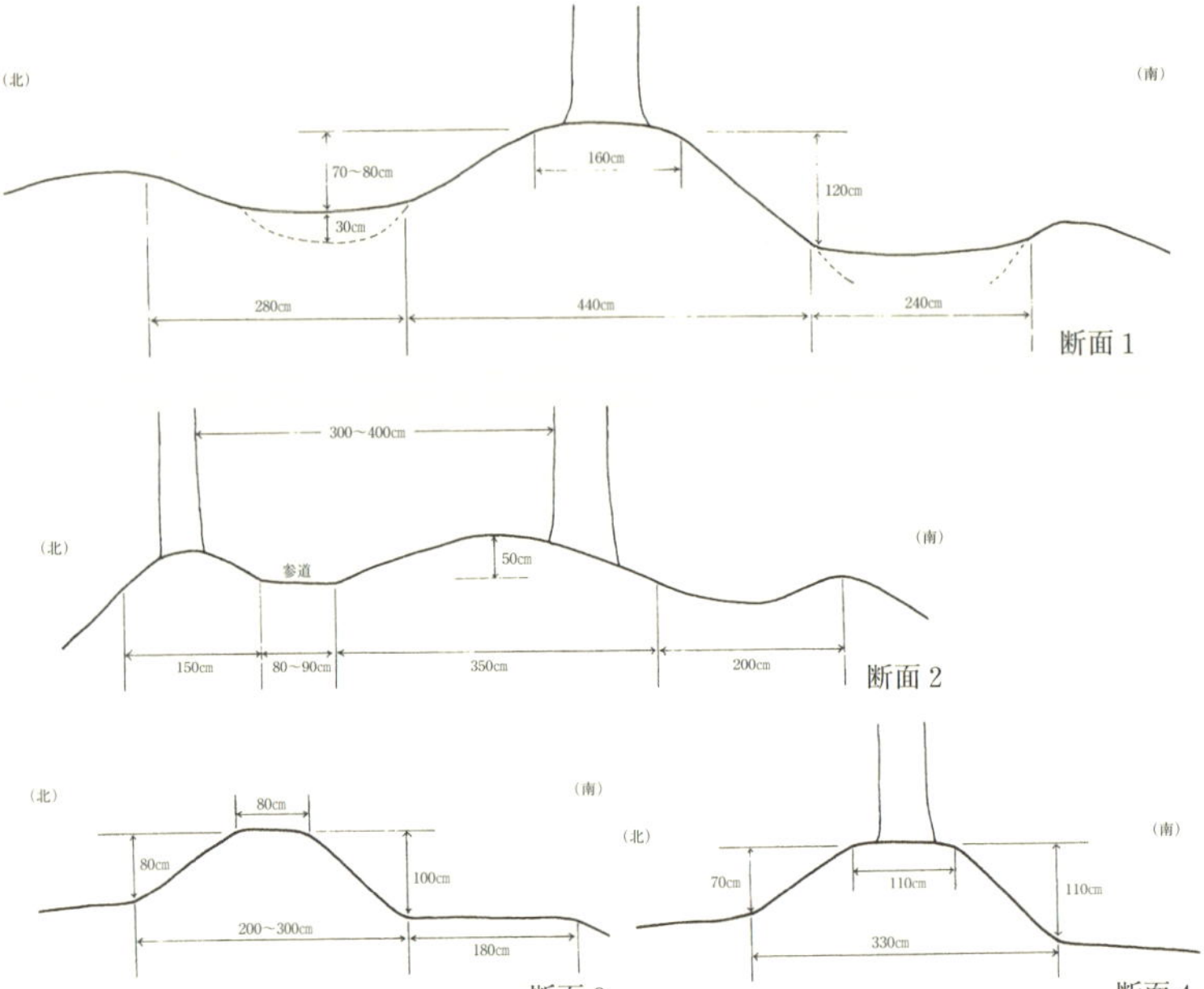

第８図　大明見村猪垣断面見取図（新津2006より）

写真３　大明見地区に残る猪垣（第７図 写真１）

写真4　猪垣の風情（高座並木古木）（第7図 写真2）

この並木部分の地形断面の見取り図が第8図断面2である。尾根の中央に幅九十センチ前後の参道（山道）が走り、その両側の高まりに並木があるといった状況である。南側並木の外側が一段低くなってテラスないしは堀状になっているが、その先は急斜面となっている。この方向が猪垣の外側である。参道を登り切ると一度平坦地になり拝殿が設けられ、さらにその裏手の斜面に高座権現社が鎮座している。

神社の裏手を登りつめると頂上となり、狭いながらも平坦地があり標高千百四十一メートルの三角点が設けられている。雑草が繁っているが、今も猪に掘り荒された跡が著しい。ここから猪垣は北東に向かい、尾根を下って設置されている。少し下った鞍部では下草もなく、土手が続く状況がよく観察できる。土手は高さ八十～百センチ、裾幅二～三メートルを測る（第8図断面3）。尾根は急傾斜と緩傾斜を繰り返しながら北東方向に下っている。幅広い鞍部では、土手の残りが良いとともに大きめの木が生えている。土手は南側が高さ百十センチ、北側が七十センチであり、南側が猪垣の外側であることがよくわかる（第8図断面4）。

裾幅も三百三十センチほどを測り、かつての形状に近い姿を保っているものと思われる。加えて土手上にはコナラとみられる目通り直径五十センチほどの太めの木があり、同様に松やモミの古木も植えられている状況からは、高座並木と同様にかつての猪垣の様子を偲ぶことができる。

土手は途中新しい道路により切断されているものの、谷に向かって山林中の急傾斜を下っている様子が確認できる。そして「同所長蔵林畔、字踏打場左重郎畑畔」付近にて川を渡り、大明見村から内野村や忍草村に通ずる鳥居地峠越えの「往環」を横切り、北側の尾根に取り付いていたものと考えられる。この往環にも木戸が立てられたという。

谷川を渡った北側の尾根は杓子山から続いている山麓に当たっており、針葉樹の多い山である。一度踏査したもののこの一帯での猪垣については、まだ確認できていない。地元の方によるとこの山麓では「ワチ」という名称が残っており、それはモミの木が続く場所を指すとのことである。実際山中にはモミが点在している。この山林内を進むとやがて小明見村と境をなす尾根となり、「金剛坊塚」という場所に出る。この間の猪垣ルートについては、先にもふれたように第7図に推定ライン（点線）を示しておいた。

「金剛坊塚」は「此所横道へ木戸を立」という記載があることから、大明見から小明見に抜ける峠道があった場所と推測できる。ここを過ぎると起伏の緩やかな尾根となって、眼下に広がる耕地や家並みを見下ろしながら道は西から南西方向へと弧を描くかのように続いていく。林に入っていくと土手がはっきりと確認できるようになる。赤松の古木が残る場所もある。この一帯が、「日向筋小明見村より当村境之尾根通り」に該当するものと思われる。

尾根上の高い起伏を越えると、一帯に墓地が広がっている。この辺りからが字西之尾でありさらに先が「西之尾崎」であろう。特に尾根筋から南側の斜面にかけて墓地が造成されているが、尾根筋の北端に延びる山林部分に土手の一部が残っている。高さ三十〜四十センチのわずかなものであるが、土手上にはマツの古木や目通り直径五十五センチほどのモミなどがある。付近には寛政五年、文化年間、天保九年などの年号を持つ墓碑もあることから、猪垣が作られ機能していた時期に、すでにここに墓域があった可能性が高い。この西之尾崎の先端部には薮が繁殖していることから土手を確認することはできなかった。しかし急斜面際にはモミの古木があり、かつては猪垣がこの斜面下にまで続いていた様子を思い浮かべることができる。

以上のように、史料記載の輪地設置場所の順で現地の確認を行なってきた。その結果、集落と耕作地とを囲い込むような状態で、猪垣が構築されたことが確かめられた。その延長は四・五キロメートル余にも及ぶものであり、西を桂川が走り、他の三方が尾根に囲まれるというこの地域の地理的特徴を十分に活用した猪垣設置を知ることができた。防御ラインの構築としては合理的な選地でもある。しかし傾斜の強い高地に土手を築きあるいは柵を設置するという作業には、相当の労力を費やすこととなる。

このようにして四・五キロメートル以上にも及ぶ輪地（猪垣）が完成したのであるが、個人負担はどの程度であったのだろうか。鳥原村では石高により、次にふれる竹日向村では軒割及び蒔割の合計によりそれぞれの個人が負担する距離が決められていたが、大明見村の場合定かではない。ただ輪地願いの連印帳では、先にふれたように村役含め百五十六名がこれにかかわっていたことがわかる。四・五キロメートルを単純にこの人数で割ると一人あたり二十九メートル、およそ十六間という数値になる。規模の大きい村であるとともに、村全体が恩恵を受けるという観点から多くの村民がこれにかかわったことから、比較的少ない負担で構築が可能となったのであろう。しかし距離的には少ない負担ではあるものの、傾斜の強い山林や尾根での切り盛り造成工事あるいは柵の設置という作業は、やはり相当の重労働である。加えて完成後の日常の維持管理に費やす労力が必要であったことも、これまでの事例から当然である。

この猪垣の実態をまとめると、次のようになる。

1　土手の規模

遺構の残存状況は高さ六十センチ～百二十センチであったが、本来は百～百二十センチはあったものと思われる。ちなみに鳥原村の土手についても、史料では四尺と記載されているが、残存状況では六十～百センチであった。土手に盛り上げる土は尾根の両側から積み上げるが、外側からの土量が多いものとみられる。そのため外側は堀状になった箇所もあり、これは獣が侵入しにくくする目的も達することとなる。土手の裾幅は二百～四百センチである。これは地形にもよるものであるが、三百センチ前後が一般的と思われる。尾根の外側を切り取り、壁状にした箇所もみられた。

2 土手上の木について

史料では生垣、詰垣と称されているが、すでにふれたように生垣というのが植樹を意味し、詰垣がその間に立てられて杭などを指すものと理解した。これにより土手上に柵が設けられるという猪垣の構造が推測でき、鳥原村の猪垣と同じ構造とみなすことができる。柵の高さについての記載はないが、やはり鳥原村の事例では二尺と記されていることから、これに近いものであったと考えたい。

ただ、大明見村の特徴は「生垣」することである。現在も土手上にモミ、マツ、コナラなどの古木が残る箇所がある。太さからみて最古でも百二十年ほどの年輪と推測でき、明治初年頃にまでしか遡れない。従って猪垣構築時のものではなく二世代目以降のものであろう。それでも世代交代しながらその場所に生き続けた可能性を見いだすことができ、樹木の語る歴史もまた奥深い。

(三) 竹日向村の猪垣

①竹日向地区の概要

現在甲府市竹日向町と表示されているこの地区が、江戸時代の甲斐国山梨郡北山筋に含まれる竹日向村である。『甲斐国志』村里部には次のように記されている。

竹日向《タケノヒナタ》村

一　高三十一石一斗七升三合　戸十八

写真5　竹日向地区の全景

口　八十九　男四十二
女四十七　馬十
平瀬村ノ東北荒河ニ傍フテ阪路アリ南十五六町ニシテ塔岩《タフイワ》村ナリ本村高岳ニ就テ家居アリ故ニ岳《タケ》ノ日向ト云フ義ナルベシ

荒川の上流、渓谷美で有名な『御岳昇仙峡』の谷から東へ約一キロメートル遡った山間の十八戸の小集落、これが竹日向であり、人口八十九人、石高三十一石余という小規模な村である。周辺には塔岩村（人口三十八人、石高十一石余）、高成村（人口九十、石高二十八石余）などの同郡に属す集落や巨摩郡北山筋になる猪狩村（人口九十九、石高三十三石余）、千田村（人口三十四、石高二十九石余）といった集落が近接する。竹日向を含めいずれも谷沿いあるいは急峻な山陵に位置する山村で、石高も少ない。

現在の竹日向地区を訪れると、荒川にそそぐ支流・日向沢沿いの標高六百五十メートルほどの両岸に家が並び、その集落を取り囲む山の急斜面に畑が開かれている景観を目にすることができる（写真5）。文化年間の十八戸という家数は今も変わらぬが、日常は平地に居住する方々も多く、実際にこの地区に居住するのは現在五軒ということである。川沿い両側の二百五十メートル×百メートルほどの集落範囲の入り口南側高台にかつての羅漢寺末の常雲寺跡地があり、集落最奥に細草明神が鎮座している。この家並みの西方向から北側の急斜面及び尾根上に、かつては段々畑が広がっていた様子を窺うことができる。現在は多くが雑木林及び杉・桧の植林地となっており、地境の石垣が往年の耕作地を物語るのみである。この集落と裏山を取り囲むかのように猪垣が残されている。これを「村筋猪垣」と呼んでおく。

さらに集落から小さな尾根を一つ越えた南方向の尾根斜面にも、高い石垣を持つ段々畑の跡が確認できる。ここも造林地であるが、林間に古い桑の株が残っており、数十年前は養蚕が盛んであったことがわかる。この林の中にも石積みによる猪垣がよく残っている。これを文献に記載されている地区名によって、「中峠筋猪垣」と呼んでおく。この二ヶ所の猪垣が、文化六年の「猪囲議定書の事」「猪堀数間道筋万覚控帳」などの猪垣構築関係の文書に記載された「猪囲」「猪堀」である。

②文献にみる猪囲

竹日向地区には文化六年「猪囲議定書の事」、文化六年「猪堀数間道筋万覚控帳」、文化七年「猪堀見廻議定の事」という三点の文書が残されており、現在は『甲府市史』史料編（第五巻近世Ⅳ）に詳しく掲載されている。この三点がセットとなって、山間の竹日向村における猪垣の設置・管理に至る経緯と実行が理解できる。これらの史料により猪垣構築の経緯を追ってみよう。長い文書であることから以下に要約する。

1　文化六年正月　猪堀囲の設置決定（「猪囲議定書の事」）

ここでは、①猪堀囲を行なうこと、②設置するにあたっての各戸の分担基準は軒割四分、蒔割六分とすること、③普請のため甲金一分を貸し付けることなど、の取り決めが行なわれた。貸付金の手当については村持の山を十八軒に等分割にし、拝借金利年一割二分七厘とするなどの申し合わせを取り決めている。

この議定書を結ぶに当たっては、「村所幾重ニも相談仕候処」とあり、村役人を含め村中にて何度も会議が行なわれたことがわかる。恐らく以前から続いていた猪害がさらに激しくなり、威鉄砲や猟師による駆逐では収まらなくなってきた結果、前年度から何度も打ち合わせを続け文化六年正月に合意に至ったことが窺われる。

2　文化六年三月　設置分担の具体化（「猪堀数間道筋万覚控帳」）

この史料では、村筋と中峠筋との二ヶ所での猪垣設置分担が、しっかりと決められている。正月に猪垣設置が決定されてから、その二ヶ月後のことである。

この万覚控帳に記載された分担間数（長さ）を一覧表にまとめたものが表9である。軒割とは村を構成する家数で割った分担、蒔割とは畑に蒔く種籾の量の多少による分担（つまりは所有する畑の面積による）を表わす。この分担の原則は、両筋とも蒔割は一升当たり三間、軒割については村筋が十五間、中峠筋が五間である。この数字を合計すると村筋八百四十間、中峠筋が百八十六間半となり、総計千二十六間半となる。万覚控帳上の合計間数や〆間数とは幾分の違いはあるものの、両筋あわせて千間余、一間を一・八メートルとして千八百メートル以上の猪垣を急斜面に設置していったのである。

なお、万覚控帳は文化六年三月に作成されてはいるが、その後も持ち分の出入りや貸し借りに伴う負担変更があったようで、文化十二年、十三年、文政二年などの変更記載が付け加えられている。このような小規模な変更が、以後も繰り返されていった可能性はあろう。

3　文化六年四月　猪垣完成

2と同じ史料「猪堀数間道筋万覚控帳」に完成後の維持管理にかかわる約束事が記載されている。この中に「一今度村中相談を以猪堀囲出来に付（後略）」と記されていることから、同じ年の四月には猪垣が一応の完成をみたことがわかる。ただし完成後も修復や手直しが必要なことから、村の持ち山を分割しくじ引きにより十八軒に割渡し、それにより維持管理をまかなうといった取り決めがなされている。

表9　竹日向村猪堀設置及び管理分担一覧表

番号	名　前	寺後～仲谷河原（村筋）				仲峠筋				計算上の合計	文書記載の合計	備　考（文書にある註）
		軒割	蒔割（3間）		小　計	軒割	蒔割（3間）		小　計			
			蒔　量	間　数			蒔　量	間　数				
1	平兵衛	15間	1斗1升	33間	48間	5間	1升5合	4間半	9間半	57間半	左に同じ	
2	定右衛門	15間	1斗5升	45間	60間	5間	2升	6間	11間	71間	〃	1間引
3	村右衛門	15間	8升	24間	39間	5間	1升	3間	8間	47間	〃	
4	十左衛門	15間	1斗4升5合	43間	58間	5間	6升	18間	23間	81間	〃	
5	徳兵衛	15間	6升5合	15間	30間	5間			5間	35間	〃	4間半引
6	茂平次	15間	1斗1升5合	34間半	49間半	5間	1升	4間	9間	58間半	78間	1間増
7	金左衛門	15間	8升	24間	39間	5間	2升	6間	11間	50間	左に同じ	
8	幸之丞	15間	1斗2升5合	37間半	52間半	5間	1升5合	4間半	9間半	62間	61間	
9	園右衛門	15間	9升5合	28間半	43間半	5間	5升	15間	20間	63間半	左に同じ	
10	伝右衛門	15間	1斗4升	42間	57間	5間	2升5合	7間半	12間半	69間半	〃	
11	平左衛門	15間	1斗1升	33間	48間	5間			5間	53間	〃	
12	藤兵衛	15間	1斗7升5合	52間半	67間半	5間			5間	72間半	〃	
13	清左衛門	15間	1斗3升	39間	54間	5間	（2升？）	2間	7間	61間	〃	中峠分例外
14	森右衛門	15間	1斗	30間	45間	5間	5升	15間	20間	65間	〃	
15	用右衛門	15間	7升	21間	36間	5間			5間	41間	〃	1升5合蒔引4間半与右衛門入
16	幸助	15間	3升（1間引）	8間	23間					23間	〃	中峠分時普請
17	甚左衛門	15間	1斗3升	39間	54間	5間	2升5合	12間（5間増）	17間	71間	76間	5間増他
18	利兵衛	15間	7升	21間	36間	5間	5合	4間	9間	45間	左に同じ	1間増
	合　計	270間	1石9斗2升	570間	840間	85間	（32升5合）	101間半	186間半	1,026間半	1,050間	記載〆間数1,048

「猪堀囲設置並びに管理のため入会山割渡につき万覚控帳」（文化6年）『甲府市史』史料編第5巻近世Ⅳ平成元年より作成

4　文化七年二月　猪垣の見廻り

「猪堀見廻議定の事」に、「猪堀見廻りの儀は、壱ヶ月切り月番役人を定め置候間万端猥無之様見廻り者より過料銭の儀は早刻ニ取立、（後略）」とある。前年に完成した猪垣ではあるが、その後も手直しや維持管理が必要なことは前掲史料のとおりである。一ヶ所でも破損や手抜きがあれば全体の作物に影響が及ぶことにもなろう。それを防ぐための見廻りということであろう。畑仕事が始まる前の二月の取り決めというところに、これから迎える耕作や種蒔きの時期に備えるという村の意気込みが伝わってくる。議定書の最後には村人十八名の連判があり、二名ずつが組み合って記されている。見回りの当番は二人ずつの交代制ということを意味するのであろう。

　このような日々の見回りや修復についてはすでに鳥原村でも、「早朝に一人ずつの見回り」「小破損の節は修理」という事例をみたところである。「壱年ニ二度宛　年々繕普請仕候」という矢細工村や古長谷村の記録もあった。このような見廻りや修理は、猪垣を設置した村では当然のことであったのだろう。

5　文化八年三月　猪垣の追加普請

2と3と同じ史料「猪堀数間道筋万覚控帳」に、「中峠道上次郎左衛門殿甚左衛門殿右両人の儀、持前畑ぐろ自普請仕度候間」「手広の儀候えは（中略）依之割人足を以右甚左衛門殿へ手前弁当にて人足拾人、次郎左衛門殿へ同八人助合致上猪堀丈分相構へ可申候、以上」とある。中峠筋の畑に追加して猪垣を設けることになったが、助人足の協力によりしっかりとした囲いを設けるよう指示がなされている。このことはすでに堅固な猪囲ができていたことを意味する。

4にみた日々の見廻り管理や修繕に加え、このような猪垣の追加工事も行なわれ、耕作範囲が広がっていったことも十分に考えられる。実際、中峠筋の猪垣で囲まれたその中に、短く突き出した石積みがいくつか確認できる。これなども拡張以前の囲みの一部が残ったものかもしれない。

その他、「猪堀数間道筋万覚控帳」には郷金貸付にかかる文政三年、四年、六年などの「覚《おぼえ》」も記入されていることから、後々まで修復や追加普請が行なわれていたことが推測できる。

以上の記録をまとめると次のようになる。

1　文化六年一月　猪垣の設置決定
2　同　三月　設置にかかる各戸分担の具体化
3　同　四月　完成　維持管理方法の決定
4　文化七年二月　猪垣の見廻り当番決定
5　文化八年三月　猪垣の追加普請

1の決定に至るまでは何度も会議が行なわれ、特に資金面での村としての配慮が決定するには相当の論議と決断が必要であったものと考えられる。加えて各戸の分担については、家割と蒔割とでいかに公平にするのかといった知恵をここにみることができる。

さらに驚くことには、猪垣設置工事がなんと一ヶ月程度、かかっても二ヶ月足らずで完成してしまったことである。もちろん中途半端なままではその効力は全く発揮できないことも確かである。特に新暦四月から五月は猪の出産期でありこれ以降は活動が活発化することから、遅くとも旧暦四月後半には播種も始まることも考えると、どうしても四月には完成する必要があることは確かであろう。

これを当初の計画（2の「万覚控帳」の冒頭に記された数値）で、村筋六百九十間、中峠筋二百二十二間、合計九百十二間（一間一・八メートルとして約千六百メートル。分担表をまとめると実際には千三十二間半、覚の最終〆は千四十八間となる—表9の合計参照—）の工事をこの期間で完成するということは大変な事業量と言える。

斜面をカットし堀状にしながら、土手と石垣を積んでいくという作業であり、村筋、中峠筋合わせて仮に千六百メートルを三十日で仕上げるとすると、一日五十三メートル強の長さを築いていくことになる。これを十八戸で行なうとすると一戸当たり一日約三メートルということになり、家族総出での工事とすればそう無理な数値ではない。ただし実際は軒（家）割四割、蒔割六割であることからその分担はより複雑ではある。六百四十メートル（総距離の四割）÷十八戸＝約三十六メートルが軒（家）割での各戸責任分であり、これは一括して共同作業で行なうことのできる性格のものである。これに加え、残りの九百六十メートル（総距離の六割）が蒔割であり各戸に大きな差が生ずる部分でもあり、一括して共同で構築するというものではない。表9からみると両筋合計の蒔割は最大が十左衛門の六十一間、最小が幸助の八間となり、収穫量の多い者が応分の負担を持つこととなる。仮に軒（家）割分を村全体で歩調を合わせ工事するとした場合、十二日間×十八戸×三メートル＝約六百四十メートルであり、十左衛門が残りの十八日間で六十一間すなわち約百十メートルを個人で行なうとすれば、一日約六メートルを設置しなければならないことになる。これとても家族全員あるいは雇い人足にて処理することは十分可能なことであろう。

このように考えると三月から四月という期間の中で猪垣設置が行なわれたこともあながち無理ではない。なお現在にまで残る遺構は、文化年間以降も追加普請や修復が行なわれた結果のものであり、長い期間をとおして形成されていったものと考えられる。

③竹日向地区に残る猪垣

この地区には、村筋と中峠筋という二ヶ所の猪垣が残る。いずれも石積みを基本とした猪垣である。この一帯の山地は安山岩が多い土地であり、ところどころに花崗岩の巨石も露出している。このような土地柄ゆえ、石積みには安山岩や花崗岩が多用されたのである。以下に、二ヶ所の猪垣についてその概要を追ってみたい。

1　村筋の猪垣

「猪堀数間道筋万覚控帳」に「寺後より検見猿岩西尾根御幸場峰芋穴尾根長窪上野山久保首仲谷河原まで打廻し」と記載されたひとつながりの猪垣がある。村の西から北にかけての畑地を取り囲むもので、仲谷河原の谷（現在の地図には日向沢と表記されている）を天然の堀とすると、実際には竹日向集落とそれに接する畑地全体を取り囲む防御施設ということになる（第9図上方の猪垣）。村を囲むことから、これを「村筋」猪垣と呼ぶことにする。平成十五年十一月二十三日、竹日向出身の笹本歌子様とご主人の淳様の案内にて西尾根から芋穴尾根に残る石積みを確認することができた。その成果をもとにして、以後数度にわたり現地調査を行なった結果、「猪堀数間道筋万覚控帳」記載の地名順にそれらの箇所をほぼ追うことができた。

まず集落の南西端には、かつて寺があったという高台がある。ここに接する尾根上に石積みが残っていることから、このあたりが「寺後」という猪垣の起点であったと思われる。ここから仲谷河原（日向沢）の谷を越え、村の西から北にかけて取り巻く尾根上を走り、やがて仲谷河原の谷に落ち込むという、長さ一・五キロメートルに及ぶ猪垣が構

第９図　竹日向村（現甲府市）猪垣（１／8,000）（新津2005より）

築されている。猪垣は主に石積みによるものであるが、地形により作り方にいくつかの違いがある。それらについてふれてみよう。

まず川を渡った急斜面では、露出した花崗岩の巨石の間をつなぐかのように石積みがなされている。花崗岩の割り石を二～四段用いた高さ五十から八十センチほどのものである（写真６）。まさに自然地形を活用した猪垣ともいえる。

畑が開かれている尾根に上がると（史料に記された「西尾根」）、安山岩を用いた高さ一メートル、上幅七十センチほどの石積みになっていく。石積みの下はさらに五十センチほど埋っており、堀状になっていたものと推測できることから、かつては一・五メートル以上の高さであったと思われる。さらに上り詰めた所が「芋穴尾根」である。この辺りの猪垣は、図に示したように谷側の斜面をカットして石を積み、畑側に土を盛って土手状に築くことを基本としている（第10図断面１、写真７）。規模については、高さ百二十～百四十センチ、上幅百～百二十センチを基本とするが、石

写真6　痩せ尾根に積まれた花崗岩の猪垣（第9図写真1）

写真7　芋穴尾根の猪垣（第9図写真2）

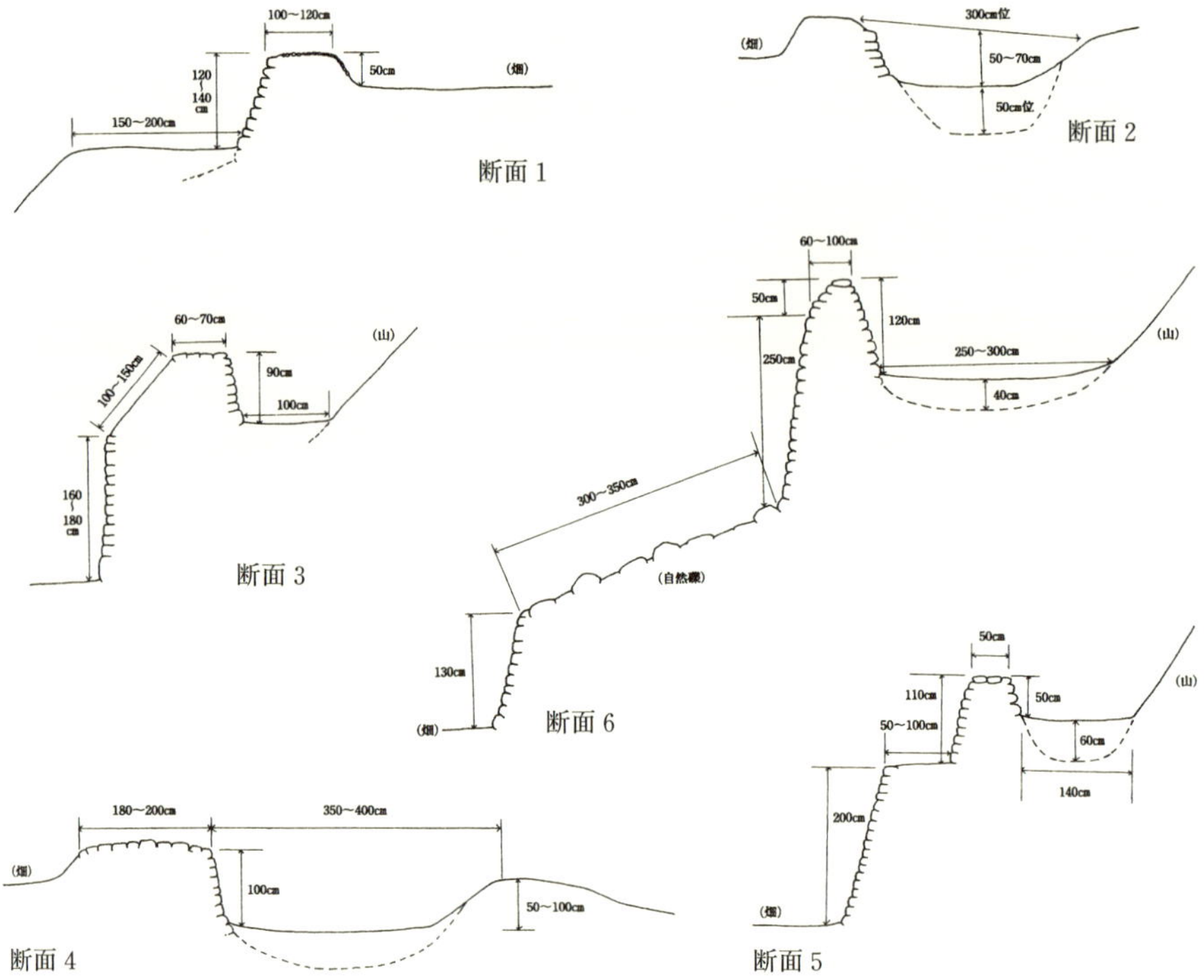

第10図　竹日向村猪垣の断面見取図（新津2005より）

積みの下はさらに五十センチ位は埋没しているようであることから、本来は百八十センチ前後の防御施設であったものと思われる。また丁度屈折する箇所では東西に走る尾根を切断することから、堀と石積みとを伴った土手の組み合わせとなっている（第10図断面2）。

この一帯にて、十八世紀後半から明治時代にかけての磁器破片を採集することができた。これらの出土品からも、江戸時代後期や明治時代に遡ってこの一帯の畑が耕作されていたことがわかる。

尾根の最高所八百七十九メートルの芋穴尾根を過ぎると猪垣は急斜面を下り、谷を越えて上野山の斜面を横切り、仲谷河原（日向沢）に落ち込んでいる。谷を渡った辺りからは斜面の等高線に沿うように石積みが続いている。ここからの石積みは山側の斜面を堀状に窪めその土を利用して土手を築くといったやり方で、土手の両側はしっかりとした石積みが行なわれている（第10図断面3）。山側の石

写真８　中峠の切り通し（昔は木戸があったという）（第９図写真３）

積みの高さは一メートル足らずであるものの、カットされ堀状になった石積み下部は埋没していることから、本来はさらに高い壁になっていたと思われる。最後は仲谷河原に急角度で落ち込み、寺後から一・五キロメートルも続いていた猪垣は終了する。

２ 中峠筋の猪垣

竹日向集落の南方向、直線距離にして百メートルほど山道をたどり谷を一つ越えたところに急峻ながら幅広い尾根がある。この一帯が中峠筋とよばれる開墾地であり、主に尾根の西斜面に畑が広がる。畑とは言っても現在は杉・桧の植林地及び雑木林となっている。かつては桑畑であり、さらに以前はコンニャクや芋類・雑穀類が栽培されていたという。

傾斜が強いことから、石垣により等高線に沿って細長く平坦地が造成された、いわゆる段々畑である。植林される以前、斜面に走る石垣の景観には目を見張るものがあったであろう。

この畑地を取り囲むかのように、石積みを主とした猪垣が巡っている（第９図下）。集落から山道を進み中峠筋の尾根に取り付くと、まず道幅五メートルほど

写真９　急斜面を登る猪垣（第９図写真４）

の切り通しに出る（写真８）。両側は石垣であり、進行方向左側（山側）は四メートル前後もの高さ、右側は二メートル余の高さに積まれている。この両側とも猪垣の一部を構成している石垣であることから、かつてはこの切り通しの場所に木戸があったと語られている。切り通しを過ぎると、等高線に沿うように山道が南東方向に延びている。山道の左側（斜面上側）には段々畑が連なっており、道と畑の段差は石垣となっている。この石垣が下から登ってくる猪や鹿を防ぐ役割を果たしたものとみられる。畑地が終わる箇所からは、猪垣は斜面を垂直に登り、畑の南側境界に沿うように構築されている。この部分では縦堀状の浅い窪みが走っているとともに、窪みの畑側には土手状に石積みがなされている。堀の外側もわずかながら高まりとなっている（第10図断面４、写真９）。

八十メートルほど登ると、石積みは直角に曲がり等高線に沿って北進する。やがて縦走と横走とを繰り返しながら斜面を横切って行き、尾根の北端に至る。この最初の北進を始めた箇所の石積みは真に見事というか、労力を費やした構築物という言い方ができる（第

10図断面5、6)。特に断面図の6では山側の高さは現状でも一・二メートル、畑側が三メートルを測り、自然礫が露出する斜面と段差一・三メートルの石垣を経て畑へと至っている。

この尾根の北端まで走ってきた石積みは斜面を下り、最初の切り通しの箇所に戻ってくる。このように中峠筋の猪垣は、斜面に開墾された畑を完全に取り囲んでいる。

3　猪垣の特徴

竹日向村の猪垣は、一部に土手の箇所があるものの石垣を主体とするものであった。山中であることから斜面や尾根がカットされ、その面に石垣が築かれることになる。石垣の外側には堀状の窪みが残されているが、これは山体をカットする際に掘り窪められたものである。従って石垣とその外側に巡る堀とから構成される猪垣ということになる。文献に「猪堀」とか「猪堀囲」と記載されているのはこのような形態を指すのであろう。

獣を防ぐ側の石垣の高さは八十センチから百四十センチほどであった。埋没してはいるものの、これに堀の深さを加えると一・五から一・八メートルの高さになるものと思われ、これまでみてきた各地の猪垣の高さと同程度になろう。竹日向村の猪垣が石積みにより行なわれたこと、それはこの土地に石が多いからである。さきにみた鳥原村や大明見村は石が少ないことから土手であった。当然のことながら、土地の質により猪垣の材料が異なるのである。

竹日向村の猪垣の意義、それは構築計画から作業分担、そして完成後の維持・管理まで含めた当時の記録が保存されていることに加え、現地に今なお当初の面影を残す猪垣そのものが残されていることにある。これらは正に江戸時代に生きた農民の、生々しい生活の記録である。

三　富士山麓樹海の石積み——八代郡本栖《もとす》村の石列——

平安時代も前期の貞観六年(八六四)、富士山の北西山麓にて突如噴火が起こった。数年にわたるこの火山活動により流れ出した溶岩は一帯にあった村を押し流し、「セノウミ」と呼ばれていた大きな湖の大部分を埋め尽くした。この焦土と化した溶岩大地にも千年以上の時が流れ、今は青木ヶ原樹海と呼ばれるほどの深い森が繁り、広大な湖は「精進湖」と「西湖」という二つの小さな湖として、その痕跡をとどめている。この青木ヶ原樹海の中に、一キロメートル以上にもおよぶ石列の存在が確認されたのは、今から二十年以上前の昭和六十年頃であった。このあたりは甲斐と駿河の国境地帯であることから、戦国期の山城や防塁などの遺構が残されている地域でもある。樹海内に弧を描くかのように延びるこの石列についても、「国境防備説」「獣よけ説」「溶岩止め説」などが話題にあがったという。溶岩の石塊が高さ一・八メートルほどにまで積み上げられ、本栖集落を扇の要として弧を描くかのように富士山方向に展開するこの石列。何回か現地にて観察しているうち、そこには猪垣としての特徴を備えていることがわかってきた。しかし猪垣を裏付ける文献史料は、今のところ確認されてはいない。

猪垣としての特徴、それはどのようなものなのか。現地調査により観察できたいくつかの要素を整理してみよう。

（一）本栖石列の姿

・位置　青木ヶ原樹海の中、本栖集落を扇の要とするように弧状に配されている。集落側を内側とするならば外側は富士山方向となる。本栖地区は平成十八年の合併前は西八代郡上九一色《かみくいしき》村であったが現在の行政区画は、南都留郡富士河口湖町である

・総延長　約千百九十メートル（国道から国道の間）

・高さ　約五十センチ〜百九十センチ

・下幅　約六十センチ〜百五十センチ

・上幅　約三十センチ〜九十センチ

・石質　溶岩

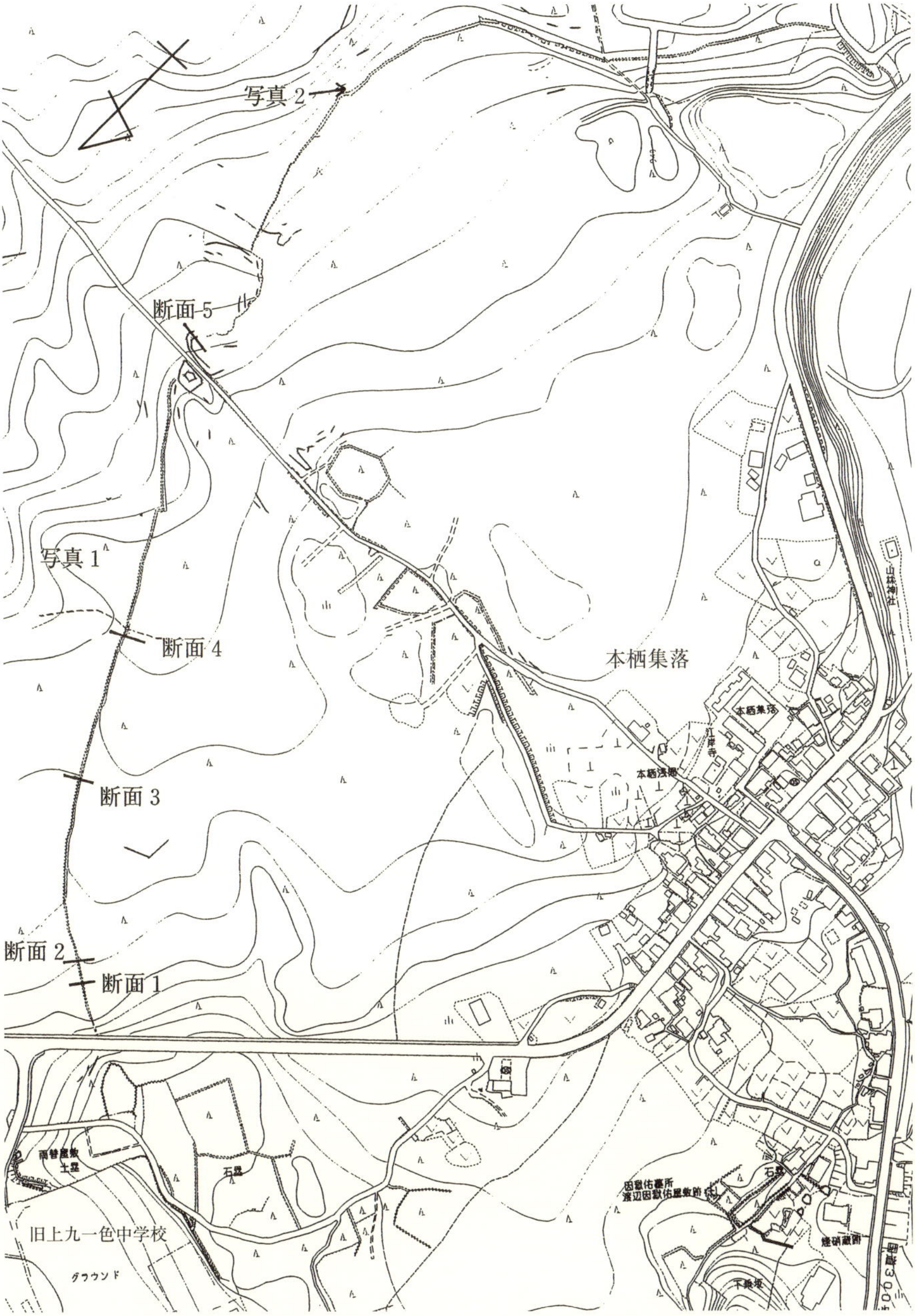

第11図　本栖の石列（猪垣）（約１／6,000）（新津、杉本2010より一部改変）

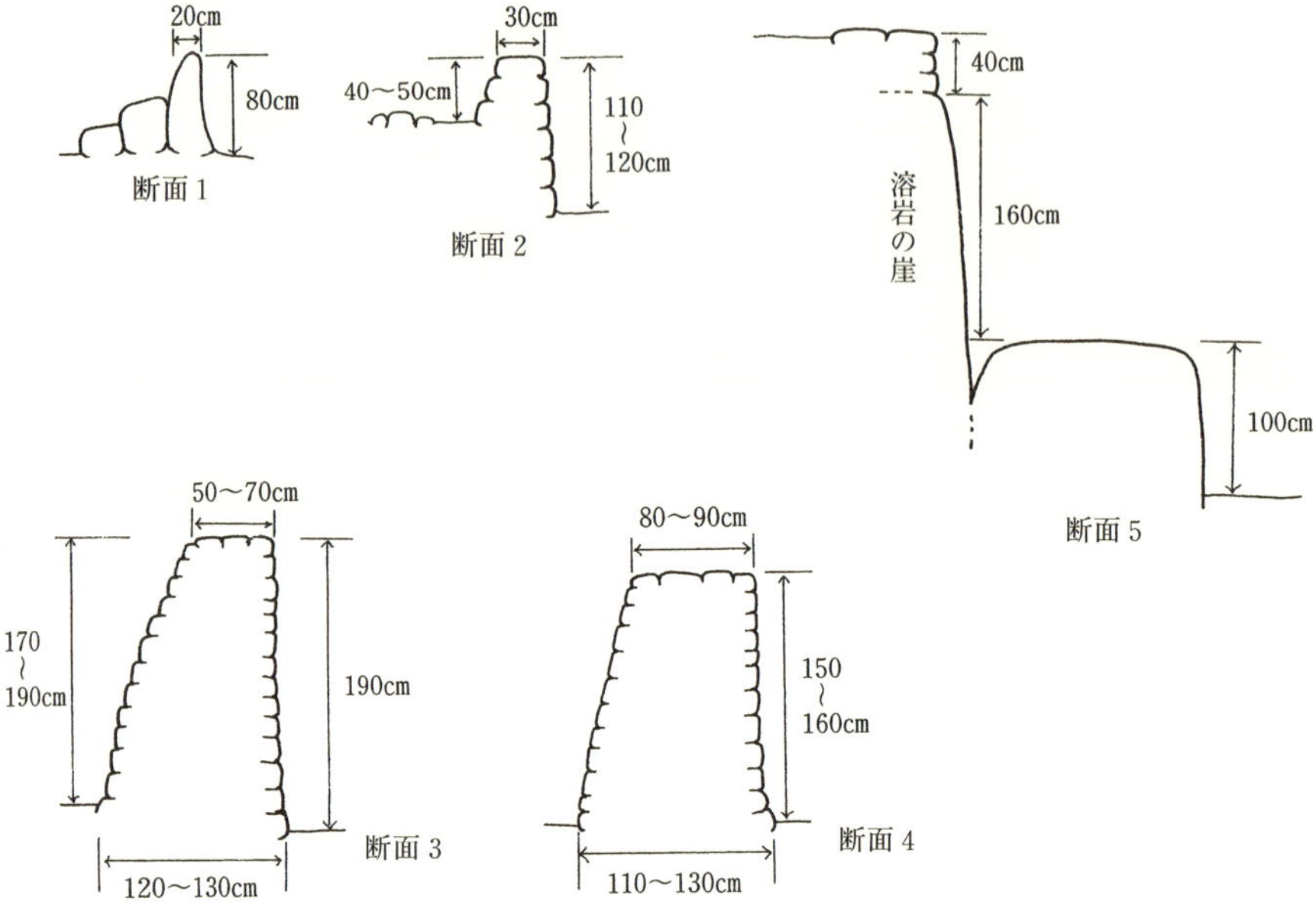

第12図　本栖石列（猪垣）断面見取図（新津、杉本2010より）

総延長については国道から国道までの間の計測値である。というのも石積みの残りが良く、現在確認可能な範囲がこの区間だからである。北側の国道の外側、旧上九一色中学校方面（現在は廃校）にも本来石積みが続いていた可能性もある。

現在確認できる千百九十メートルの内でも、特に北側の国道側から樹海に入って五百メートル位までは非常によく残っている（写真10、11）。それに比べて南側は石積みが崩れていたり、開発などによりわずかな痕跡しか残っていない部分も多い（写真12）。以下、現地にて確認できる事項を順に追ってみたい。

まず旧中学校入り口に面した北側の国道から樹海に入ると、そこはまさに溶岩地帯。地表には大小の溶岩塊が一面に転がり、起伏のある地形が続いている。まず高さ五十センチ～八十センチ程度の低い石積みが目につく（第12図断面1）。しばらく進むと富士山側（東側）が六段ほどであるのに対して集落側（西側）が三段程度という箇所もある。つまり地表面については集落側が高く、富士山側が低いという状況が作り出されていることになる（第12図断面2）。樹海内を進むにつれ石積みの残存状

写真10　樹海内に残る本栖の石列①（側面）（第11図 写真１付近）

写真11　樹海内に残る本栖の石列②（上面より）（第11図 写真１付近）

写真12　崩れつつある石積み（第11図 写真２）

況は良好となり、高さを増してくる。また、地表の起伏に応じて石積みも上下しながら続いている。国道から二百メートルほど入ったところに、かつて旧上九一色村が設置した「石塁」看板がある。この付近の石積みの遺存はきわめて良く、高さ約百九十センチ、下幅百二十〜百三十センチ、上幅五十〜七十センチを測る（第12図断面３）。直径三十〜四十センチ、厚さ十〜二十センチの溶岩が多く用いられているが、それより小振りのもの、あるいは七十〜八十センチという大きめのものもある。特に注目すべき点として、富士山側が垂直に近い角度で立ち上がっていることである。このことは石積みの内外がどちらの面にあるのかを判断するための、大きな要素となる。これについては後からふれることとしたい。

さらに百メートルほどで第二の「石塁」看板がある。ここでも石積みは良好である。高さ百五十〜百六十センチであり、やはり富士山側の傾斜が強い（第12図断面４）。第二看板から八十メートルほど進むと、やや鈎形に屈折した箇所にあたる。

この屈折部（クランク）を根拠に、城郭関連防御施設との共通性をみる意見もある。

屈折部を過ぎ約百メートルほどで林道と交差する。この林道の手前には自然形成の溶岩丘の高まりがあり、この東面の崖を生かして石積みの続きとしている。林道を越えた箇所ではカルデラ状の広い窪地となっており、この窪地の西壁は高さ三メートル近い溶岩の崖となっている。この崖の上にもなんと三段ほどに石積みがみられる（第12図断面5）。自然の崖を活用することにより、これまでの石積みを連続させているのである。このようにして窪地の縁を巡るように石積みが続き、やがて再びゆるやかな尾根上を等高線に沿うかのように石積みは南下していく。このあたりでは高さ五十～百センチの石積みであり、百七十センチほどの箇所もみられるが林道以北の石積みと比較して概して低い。さらに進み林道から二百メートル付近ではそれまでとは様相が異なり、尾根状の高まりの東側肩辺りに幅百八十センチ、高さ五十センチほどの石積みとなる（写真12）。積まれる溶岩もやや小振りである。本来の高い石積みが崩れたものであろう。この一帯では石積みの集落側には平坦な区画が連続する。自然の窪地ではあろうが、それを整形して土地利用がなされていた可能性はある。耕作地という考え方もできるが、土壌の状況を調査する必要がある。この辺りから石積みは南から西に徐々にカーブしていく。石積みも低く、痕跡として残るような感じであり、西方向に転換したあたりでは溶岩は小さく全体に土の土手のような感じである。やがてオートキャンプ場として造成された地域にすすむと、もはや明確な石積みの確認は困難となる。それでも山林内に残る痕跡を結んでいくと国道に突き当たる。国道の西面は急崖となって落ち込んでいることから、本来の石積みもこの崖縁まで築かれていたものとみてよかろう。なおこの急崖は側火山溶岩流の末端でもある。

以上、弧を描くかのように樹海内に築かれた石積み遺構を追ってみた。では北側の端は本来どこまでであったのだろうか。北側国道際までは低い石積みではあるが確認できるが、国道をわたり旧上九一色中学校側に渡ると定かではなくなる。ここは旧中道往環が走っている箇所である。一帯には複数の方形状の区画をなす石垣はみられるものの、樹海内から続くような直線的な石積みは確認できない。

（二）石列の方向性と役割

この石列の内側・外側の問題は大変重要である。石列により遮られる方向にかかわるからである。ここでは特に、石積みの富士山側が急傾斜となっていることに注意したい。畑大介氏は、石垣に寄って防御する場合には急傾斜面が内側の方が対処しやすいという意見を紹介しながらも、この急傾斜になった面が外側と考えている（畑一九九一）。私も畑氏の考えに同感である。その理由は次のとおりである。

1 溶岩崖を利用して、その上に数段の石積みがなされている（第12図断面5）ことは、この溶岩崖の面が外側であろう

2 北側国道から入ってすぐの箇所には、富士山側が高く集落側が低い石積みがみられる（第12図断面2）

3 石積みには溶岩樹型の一部とみられる石が用いられており、このオーバーハングする面が富士山側を向く

4 石積みの富士山側については、石積みの際から三メートル位の幅が平坦である。このことはこの範囲の溶岩塊が石積みに用いられたものと考えられる。集落側は石積み際まで溶岩塊が分布しており、凹凸が激しい箇所が多い。富士山側の石を積むことにより、さらにこの面の石垣が高くなる効果もあるのではないか

以上から、富士山側が石積みの外側、言い替えればそちらの方面からの侵入を意識した構築物ということができる。つまり、集落を取り囲むという意図のもとに築かれた施設、ということになるのではないか。

では、なんのために集落を囲む必要があったのか。このことを考える上で、地形と土地利用の状況が重要となる。樹海という性格上、地形観察には制限があるが、石積みに沿って歩いてみると浅い谷や窪地、それに平坦地などが部分的に観察できた。これを総体的に観察するには国土交通省が開発した航空レーザー測量による赤色立体図が効果的である（千葉・冨田・鈴木・荒井・藤井・宮地・小泉・中島二〇〇七）。この方法では、地上を覆っている樹木を透かして、溶岩流の重なり具合などの詳細な地形をみることができるからである。二万五千分の一地図に石列やこの立体図

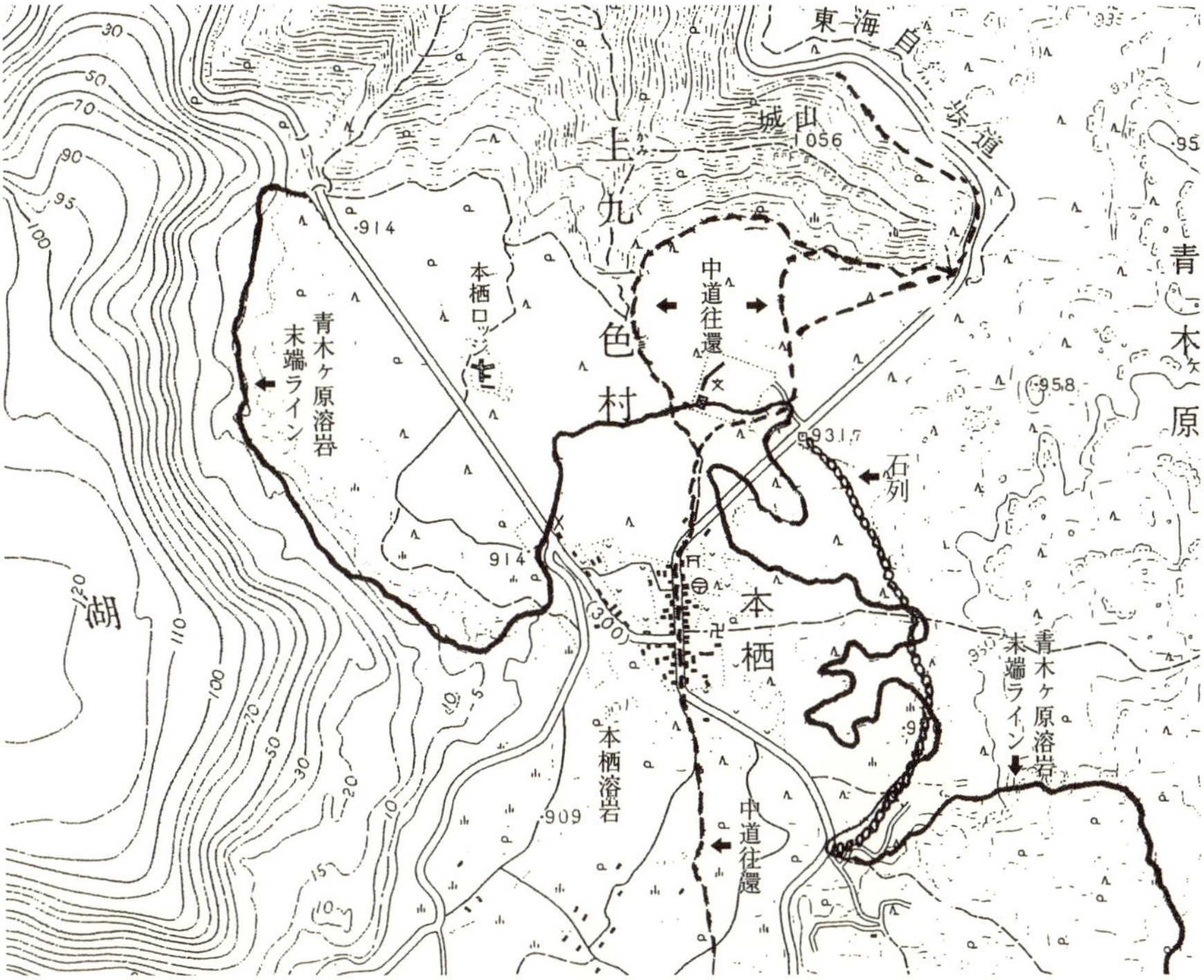

第13図　本栖石列（猪垣）と青木ヶ原溶岩流（約１／25,000）（新津、杉本2010より）

からわかる溶岩流や平地を模式的に重ねた概要を、第13図として示した。これからもわかるように、石列は平坦地を囲むかのように、貞観六年に噴出した青木ヶ原溶岩の縁に沿って走るような傾向が窺われる。特に南側の五百～六百メートルについてはすぐ近くに平坦な窪地が迫っている。この平坦地は畑として開墾された箇所ではなかったろうか。

このように考えると石列は、本栖集落とその周囲に広がる耕作地とを囲い込んで構築されたものとみてよいのではないか。富士山方面から侵入するものを防ぐ施設とすれば、集落や拠点となる屋敷を守る戦国期の戦闘的施設とするよりも、やはり獣の侵入を防ぐ施設とした方が考えやすい。戦闘的防御施設とするならば、構造物としては耐久性が低く、また一キロメートル以上にわたり兵力を配備する必要がありその動員力の有無も問題となる。また城山との関連性も薄い。以上のことから、この樹海内につくられた長大な石列は

「猪垣」と考えてよいのではないだろうか。

但し課題もいくつか残る。一つは猪垣にかかわる文献史料のことである。これまでみてきた鳥原村をはじめとして大明見村や竹日向村では、猪垣構築にあたっての古文書が残されていた。村全体で取り組む大事業であり、記録としてしっかり残しておかなければならなかったのである。江戸時代の本栖集落は、高三石四斗四升六合、戸数二十九、人口百三十という小村である（佐藤八郎・佐藤森三・小和田金貞校訂一九六八）。竹日向村でも戸数十八という小村でありながら二ヶ所合計一・八キロメートルにも及ぶ石積みがなされている実例があり、村総力でとりかかれば、猪垣の構築は可能であることがわかる。竹日向例や大規模な村での事例である大明見例も含め、各戸による分担制により構築されていることから、これに関する「覚書」や「維持管理」などの記録が残されていた。本栖村におけるこのような古文書類の調査も今後の課題である。

次に、本栖城山の麓から樹海一帯には戦国時代の石塁をはじめとして、その他にも時代や意味不明な石列が残されている。これらの石積み遺構についてさらに調査を進め、猪垣との相違をつかみそれぞれの用途を考えていかなければならない。

ところで溶岩地帯での猪垣の例として、現在の南都留郡忍野村内野地区に伝わる村絵図からその存在が推測できる。この絵図は、『忍野村誌』巻頭カラー頁に掲載されているもので、絵図中には山中村（現在の山中湖村）との「両村境界石積」とともに、「先年ヨリ猪鹿囲ひ石積」と表記される石列が描かれている（忍野村一九八九）。この「猪鹿囲ひ石積」は、「丸尾」と記載されている溶岩地帯の縁を巡るかのように設置されており、両端は「両村境界石積」に接している。このことから、二種類の石積みにより丸尾内に長方形状の囲い込みがなされているような感じであるが、実際は「溶岩地帯」と「集落や耕作地」とを区画する石積みであるものと理解できる。「丸尾」は〝マルビ〟と読み、富士山麓地域にて呼称されている「溶岩大地」のことである。絵図に描かれた「丸尾」の外側には、「本途」や「大豆」などの耕作地及び集落が広がっていることから、溶岩地帯に生息する猪や鹿を防ぐための猪垣ということになる。

「丸尾」は山中村方面に広く続いており、その方面にも猪垣が構築されていたと思われるが、内野村絵図である本図にはその表記はなされていない。

このように溶岩地帯からの猪や鹿を防ぐための石積みが存在していたことは、本栖村石列の性格を考える上で大変参考になる。溶岩流の縁に沿って石積みがなされていること、一部溶岩地帯を横断していることなど、本栖村石列と類似している部分も多い。ただし内野村の猪垣があった箇所は、宅地開発などにより原状が変わってしまっており、その痕跡を確認することはできなかった。また山中・内野境界は道路となっており、このあたりにあったとされる「両村境界石積」も見当たらない。従って絵図に記された石積みの規模や構造についての詳細は全くわからない。なお、現在の地形図にあてはめてみると、「猪鹿囲い石積」の長さは一キロメートルほど、「両村境界石積」は八百メートルほどとなる。今後山中湖村分の溶岩流端を調査する必要があろう。

四　全国の猪垣、二三の例

甲斐国にては、柵によるもの、土手や堀を築くもの、土手の上に植樹や杭で柵を設けるものなどの猪垣の実例を確認することができた。遮蔽の仕方については（1）集落や耕作地を取り囲むもの、（2）獣の生息地と耕作地とを遮断するものとがあったが、（2）の場合も川や谷面に接続することにより結果的には（1）と同様の機能を果たしたことになる。このような特徴を整理することができたが、全国的にはどのような猪垣がつくられていたのであろうか。ここでいくつかの事例をみてみよう。

すでに紹介したように、全国の猪垣分布や特徴については矢ヶ﨑孝雄氏がまとめており、東北・北海道を除く全国にみられること、石塁・土塁・木柵などの種類に加え、近年ではトタン柵や電気柵も用いられていることなどが報告されている（矢ヶ﨑二〇〇一）。やはり地域の環境に適した猪垣が作られているのである。最近では高橋春成氏らによ

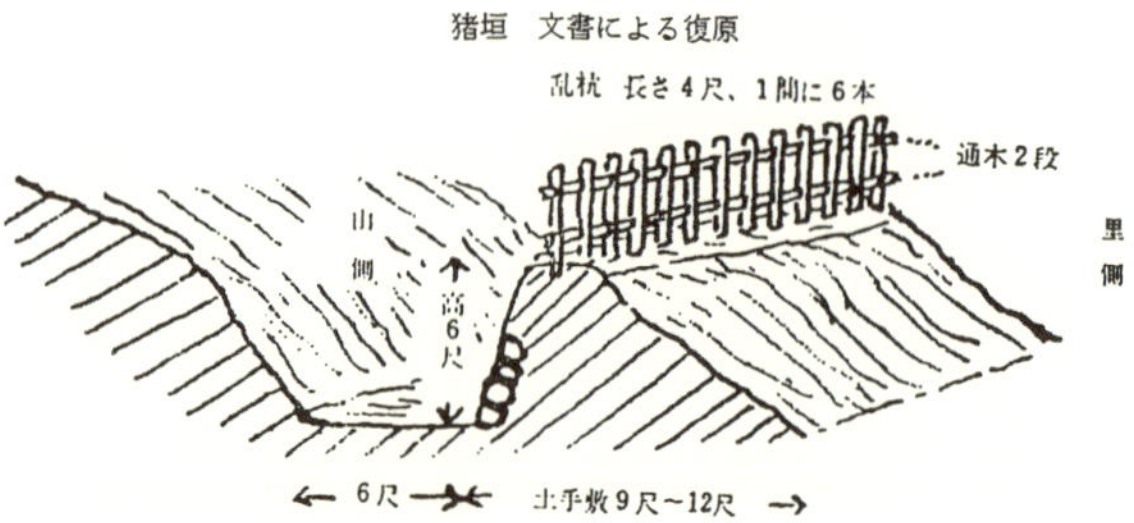

1.伊那の猪垣復元図（向山1984より）

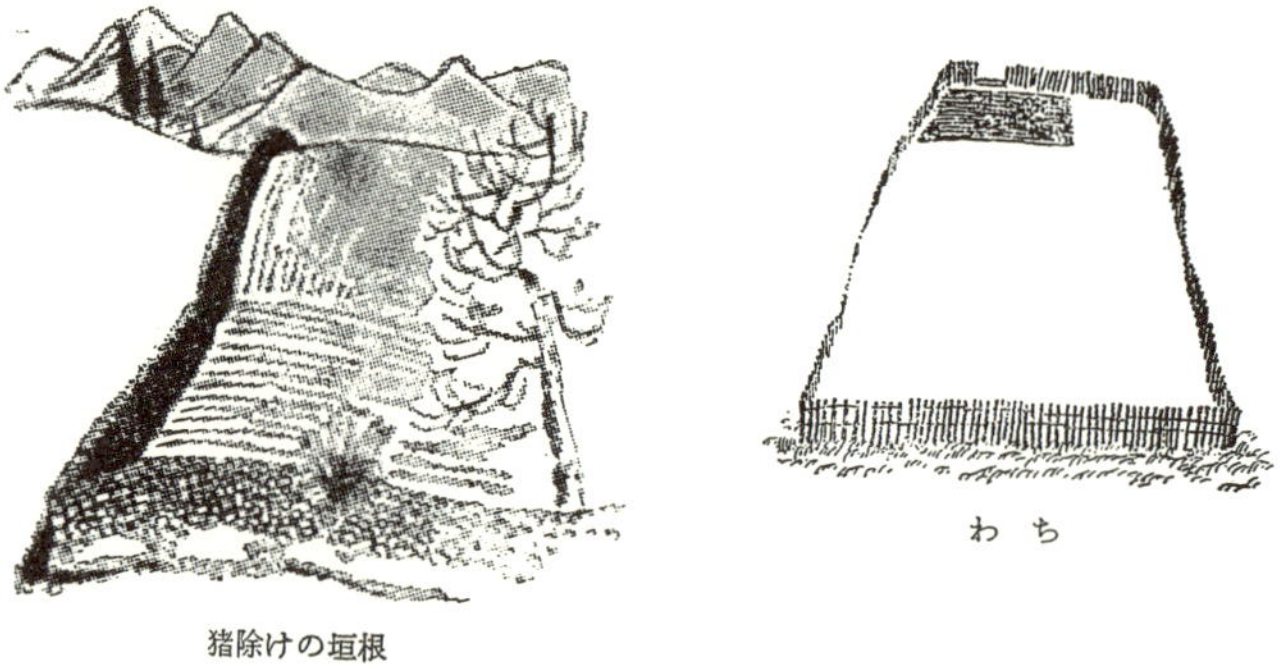

2.三河の猪垣（早川1925、再録1970より）

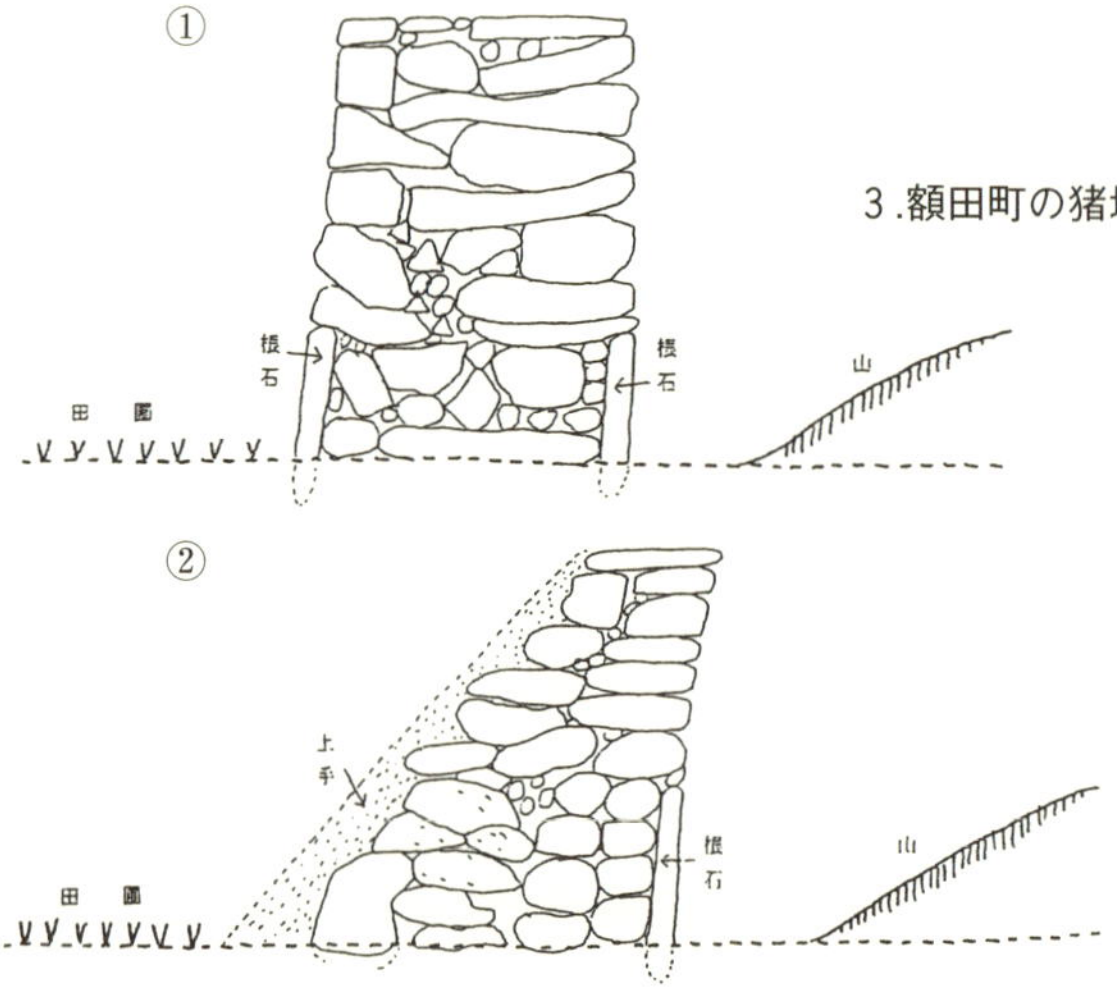

3.額田町の猪垣（池上1974より）

第14図　各地の猪垣

り「シシ垣ネットワーク」が立ち上げられ、全国各地の事例報告にとどまらず、猪垣の保存や活用にまで踏みこんだ研究が促進され、その成果が刊行された（高橋二〇一〇）。今後、更なるデータの掘り起こしや一層の活用が期待される。山梨に隣接する長野県にも猪垣は多い。八ヶ岳西南麓にある乙事村（現在の富士見町）の寛政十二年「差上申御請書之事」には「風除并猪鹿相防候」とあり、防風林が猪垣を兼ねていたようだ（諏訪史談会一九五二）。その構造については、防風林として植樹された松の木などに杭を加えたり横木を結び付けたりしたものだろう。植樹した木の間に詰垣したという大明見村の猪垣にも共通している。木曽山脈の東麓に立地する伊那地方では、複数の村をつなぐさらに多くの猪垣が知られている。特に大田切川左岸の宮田村から伊那市西春近地区では、文化五年（一八〇八）の猪垣普請にかかる「願上書」「見分図書」「猪垣絵図」などの史料が残されている。これらのデータから八ヶ村の耕作地を守る長さ一里十六町余に及ぶ猪垣であることがわかり、さらには高さ六尺の土手上に長さ四尺の木柵が設けられる構造が向山雅重氏により復元されている（第14図1、向山一九八四）。土手と木柵から構成されることは、先にみた鳥原村の猪垣と類似し、甲斐北部から信濃南部に共通する構造であったことがわかる。長野県以西の岐阜から愛知、さらには滋賀県方面にも猪垣は多い。古くは江戸時代天明八年の司馬江漢によって記された『江漢西遊日記』に、畑を囲む木柵が延々と続く三河国熊村の様子が描かれている。この絵には、さきにもふれた猪鹿追いの番小屋もみられる（第二章第3図3）。早川孝太郎氏が著した『猪・鹿・狸』にも南設楽郡一帯にて大正年間にみられた猪垣が登場する。長く続く石垣や畑を囲む「わち」などである（第14図2）。「わち」とは一般には焼畑を囲む木柵と言う意味とのことである。山村では焼畑ではなくとも「わち」が多く巡らされているとも説明されている（早川一九二五）。愛知県額田町宮崎地区には石積みの猪垣が多い。この一帯は片麻岩地帯であり、石材に恵まれていることからも立派な猪垣が構築されている。高さ二〜三メートルというしっかりした構造であり、代表的な断面形状として二種類が紹介されている（第14図3、池上一九七四）。2のように外側（山側）だけが急傾斜になる構造は、山梨の本栖石列（猪垣）にもみられた。琵琶湖岸に位置する滋賀県志賀町から高島町にかけても、長さ十五キロメートル以上も続くと推測される石垣

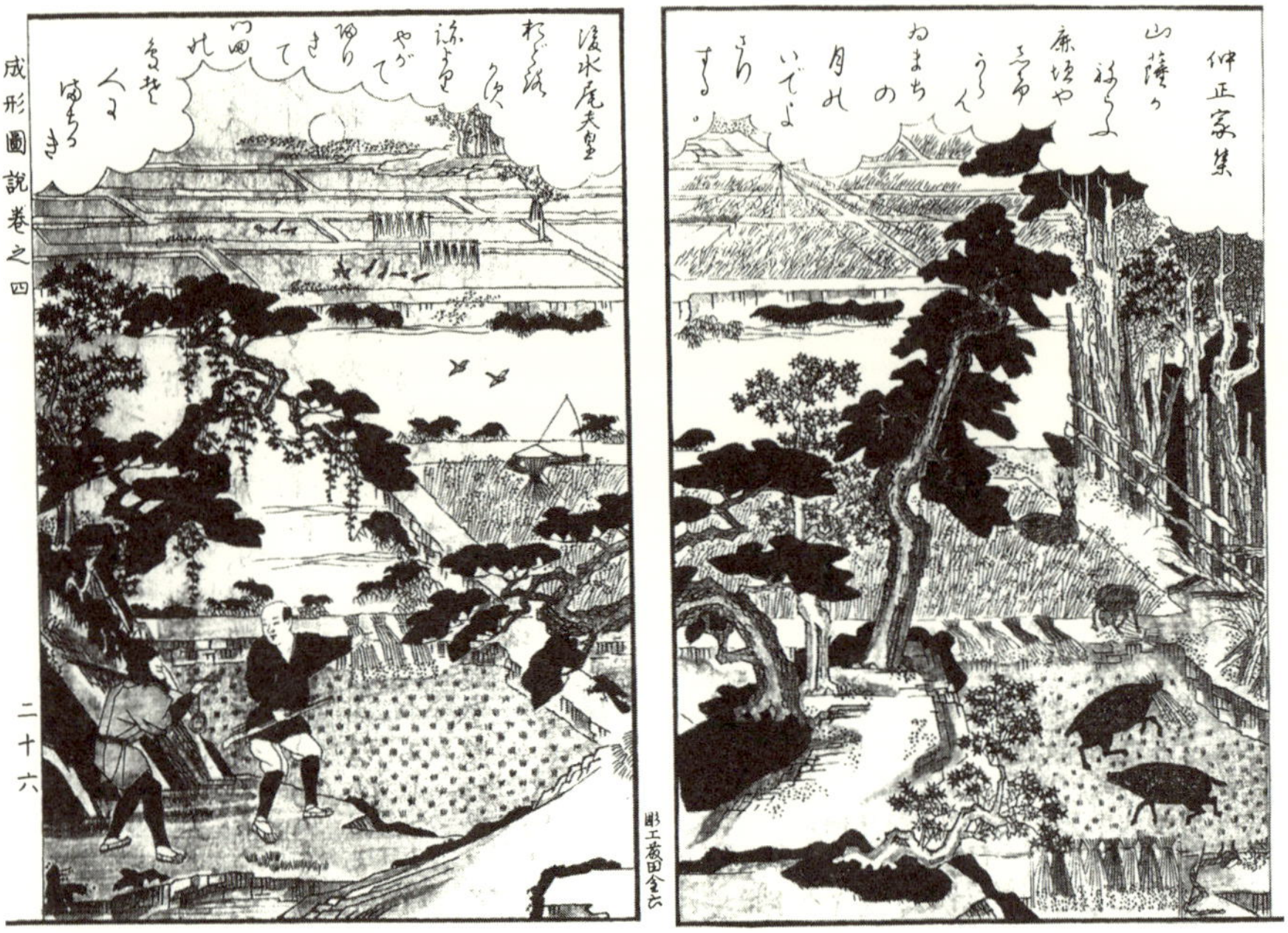

第15図　木柵の猪垣（『薩摩版成形図説』より、国立歴史民俗博物館所蔵）

が走っており、一部は江戸時代の村絵図にも記載されていて、猪垣の可能性が強く考えられている（滋賀県教育委員会他一九八六）。

瀬戸内海の小豆島も含め、山陽・山陰地方から九州などの西日本にも猪垣は多く残されている。九州では、立平進氏が特に長崎県西彼杵半島の結晶片岩からなる猪垣を紹介している（立平一九九六）。ここでは落し穴が猪垣に伴うが、このような事例は長野県をはじめ各地に認められる。単に猪の行動を阻むだけではなく、あわよくば捕獲してしまおうという攻撃的な要素も備わる場合もあったようだ。木柵の様子がわかる図説史料もある。第15図は薩摩版『成形図説』にある稲がみのる風景であるが、ここには案山子、鳴子とともに火縄銃を持った狩人や木柵による猪垣などが描かれている（国立歴史民俗博物館提供）。まさに鳥類や動物から稲を守る江戸時代の防除対策が一目でわかる絵柄である。植木とその間の杭による詰め木や横木、この描写からは当時の木柵の詳しい様子がよくわかるではないか。柵の破れたところからこれ幸いと侵入した猪や鹿、それらが悠然と稲を食む姿からは、猪垣管理の必要性が強く訴えかけられているかのようでもある。

江戸時代でも特に後半期は、全国各地にて猪や鹿の害に関する記録が多い時代であった。耕作面積の拡大、商品作物の栽培など当時の農山村が抱える環境にあって、猪や鹿と農民との接触する機会が急増した時代ともいえる。さらには野生獣の繁殖に適した気象条件も、これに加わったことであろう。このような時代、獣害を防ぐ有効な一つの方法として、各地に猪垣が作られたのである。土地の実情により、それは石垣であったり土手であったり木柵であったりした。作物を育てより多くの収穫を願う農民、少しでも好条件下にて餌を採ろうとする猪や鹿、そのせめぎあいの歴史が、猪垣に関する文献や遺構として各地に残されているのである。

第四章　人と猪のかかわり——近世から現代、そして未来へ——

一　江戸時代の村夫銭帳からわかる獣害対策費の重さ

猪や鹿の害を防ぐため、江戸時代の村人はさまざまな対策と工夫を行なってきた。それは威鉄砲を持って毎晩村中を見回ったり畑の小屋に泊り込んでの追い払い、猟師を雇っての猪退治、猪垣の構築とその維持管理、狼札の借用と祈りなどであった。それらの対策を進めていくには、農民各自の労働力の負担とともに大きな経費ものしかかった。これらの経費は村の公的費用として「村夫銭帳」という帳簿に記録されることになるが、最終的にはやはり農民個人がそれぞれ分担して支払うことになる。これまでもそれぞれの対策を説明する中で、経費についてもふれてきた。ここでは猪鹿害への対策費が、村全体の経費の中でどの位の比率であったのか、その実情について「村夫銭帳」から探ってみたいと思う。ここで「比率」を取り上げた理由は、村によって財政規模に非常な格差があることから、実際の金額では夫銭帳全体経費の中に占める「防除費」の割合——すなわち村における「防除費」の負担の重さがわかりにくいからである。また物価の変動についても特に幕末には物価が高くなっていることから、「比率」の方が時代をとおして比較しやすいこともある。

まず夫銭帳における防除費と他の主な出費との割合はどのような状況であったのか。第二章の四十六頁に示した表4に、防除代の合計金額、夫銭帳全体に占める防除費の比率、夫銭帳全体の金額などを村ごとに整理しておいた。この表では繁雑であることから、ここから「防除費」「比率」「夫銭帳の合計」を抜き出し、さらに時代順に並べ換えたものが表10である。これからみると一パーセント前後から六十八パーセントまでと大変ばらつきがあるが、四から十

表10　夫銭帳防除費年代順（単位は狐新居村を除き国中が匁、都留郡が文）

郡名／筋	村　名	防除費	比率	夫銭帳合計	年代
国　中					
八代／大石和	狐新居村	金１両	7％	金13両銀９匁８分	享保８
山梨／栗原	西後屋敷村	64.7	1.6%	3,925.37	享保10
山梨／万力	別田村	92	6％	1,541.38	元文２
巨摩／逸見	上津金村	324	13%	2,498.32	延享２
八代／大石和	上黒駒村下組	1,043.78	38%	2,770.13	宝暦14
巨摩／逸見	上神取村	184	13%	1,434.11	明和３
巨摩／武川	大武川村	31.77	19%	169.78	明和７
巨摩／西郡	春米村	102.02	4％	2,548.71	安永８
八代／中郡	右左村	373.57	11%	3,341.9	天明４
八代／大石和	門前村	21	10%	201	天明８
山梨／万力	市川村	245	16%	1,519.25	寛政10
山梨／栗原	菱山村	199.62	8％	2,556.94	享和２
山梨／万力	正徳寺村	72	4％	1,699.9	文化２
巨摩／北山	上今井村	192.5	68%	281.7	〃
〃	三ツ沢村	51.4	17%	303.4	〃
山梨／栗原	下於曽村	380	7％	5,420.37	文化７
巨摩／逸見	三之蔵村	136.7	27%	511.6	文化８
〃	松向村	50	9％	582.8	〃
巨摩／武川	武田村	149	13%	1,131.4	文化10
〃	鳥原村	141.5	9％	1643	文化13
巨摩／逸見	穴平村	84.55	4％	2,248.56	文政２
巨摩／西河内領	南部村	180.3	9％	2,023.13	〃
巨摩／武川	台ヶ原村	76	6％	1,322.64	文政３
〃	下教来石村	138	33%	418.4	文政４
巨摩／西郡	平岡村	14	1％	1,332.56	文政６
巨摩／北山	上今井村	91.4	46%	197.8	〃
巨摩／栗原	山村	402	15%	2,661.5	〃
巨摩／逸見	江草村	184	10%	1,920.7	〃
巨摩／西河内領	大和村	16	5％	294.18	文政11
巨摩／武川	芦倉村	29.37	8％	349.48	天保５
山梨／万力	下荻原村	24.52	8％	315.31	天保６
八代／小石和	大野寺村	84.27	8％	1,035.64	〃
巨摩／西郡	上一之瀬村	226	10%	2,190.08	天保９
巨摩／西河内領	塩沢村	12	4％	324.67	弘化４
巨摩／小石和	米倉村	48	3％	1,644.33	嘉永４
巨摩／西郡	上一之瀬村	233	16%	1,450.99	〃
巨摩／小石和	下野原村	48	1％	4,522.24	万延２
〃	高家村	96	1％	8,034.26	文久４
山梨／北山	湯村	11.1	1％	1,247.32	元治元
八代／小石和	蕎麦塚村	10.35	0.3%	3,091.33	慶応元
八代／東河内	椿草里村	5.4	5％	100.2	〃
八代／大石和	上黒駒村上組	251.84	4％	6,966.2	慶応２

都留郡	金額は金（両）と銭（文）とで表記されており、この一覧表では換算できる村については銭で表記する				
〃	小明見村	12,260	37%	33,172	享保17
〃	大明見村	15,472	43%	長銭　36,319	延享 3
〃	小形山村	6,400	11%	56,840	天明 2
〃	松山村	4,250	25%	16,655.2	寛政 7
〃	上吉田村	3,500	1 %	318,903	文化 9
〃	新倉村	35,000	34%	長銭　102,145	文化 9
〃	大月村	10,355	6 %	163,608	文政 8
〃	小沼村	64,150	9 %	714,700	天保元
〃	忍草村	9,000	15%	58,629	天保 6
〃	長池村	3,000	17%	17,550	天保13
〃	平野村	3,200	18%	17,432	〃
〃	成沢村	31,200	24%	132,604	安政 2

七パーセントの事例が多く、その中でも特に八から十三パーセントに集中する傾向があることがわかる。

表10では五十ヶ所余りの事例をあげたが、このうち最も高い比率が巨摩郡上今井村の文化二年であり、夫銭帳記載額のなんと六十八パーセントを占めている。同村では文政六年にも四十六パーセントという高比率となっており、元来少ない村経費の中で獣害対策が村人の負担として重くのしかかっていた状況がとらえられる。次に高いのが都留郡大明見村（延享三年）の四十三パーセント、同郡小明見村（享保十七年）が三十七パーセント、同じく新倉村（文化九年）が三十四パーセントと、富士北麓地域にても全出費の三分の一以上を占める事例がある。他に八代郡上黒駒村下組が三十八パーセント、巨摩郡下教来石村（文政四年）が三十三パーセントという比率である。

それでは高い比率の村及び時期について防除の内容をみていこう。まず六十八パーセントという上今井村である。ここでは猟師への給米（雇用費）が銀百五十六匁五分、焔硝代銀三十六匁というのが防除代の全てであり、その出費にあって猟師への支払いの高さが目につく（表4参照）。獣害に対する猟師への依存度が高かったことがわかる。この村では他の時期にあっても猟師給米費は、宝暦七年、安永六年などで百六十匁、文政十年で七十二匁とその比率は高いことから、長年猟師との結び付きは高かったものとみなされる。しかし天保九年の三十一匁を最後にその支払いは無くなっている。このような年代による比率については後述することとする。

上今井村と同じように防除代の主な要素が猟師雇用費である例は、富士北麓地域にも当てはまる。まず防除費が四十三パーセントを占める都留郡大明見村（延享三年）でも、焔硝代が五千三百八十五文、飯米代を含む猟師雇用費一万八十三文となっており、その内訳は上今井村と類似している。郡内地域では銭（文）で表現されているが、銀一匁を銭八十一文と換算した場合一万八十三文は銀百二十五匁程度となる。小明見村（享保十七年）も焔硝代と猟師飯米代がその内容であるものの、全体には祭礼費が銭五千百文と高い比率をしめていることから、防除代は三十七パーセントとやや低くなっている。また新倉村（文化九年）防除費はその詳しい内容は不明ながら「手間賃」として銭三万五千文という高額が費やされている。この内訳の主体は、猟師雇用ないし見廻りの人足賃であったと推測される。

以上のような猟師雇用が主体となっている事例以外に、三十八パーセントを占める八代郡上黒駒村下組（宝暦十四年）での防除費内訳は、より多角的な内容となっている。最も多いのが褒美であり、次いで威しの人件費、猟師雇用、焔硝代、鉄砲修理費と続いている（表4参照）。獣害対策の基本的な組み合わせを示しているとも言える。但し、褒美とは耳代でもあり猟師雇用費とは一体となった経費であり、その合計は五百三十八匁七分となることから、この村でも猟師に支払う経費が最多であることがわかる。なお威しに関する人件費も二百七十六匁が費やされていることから、村人の交代制による夜間の見廻りをベースとして、これに害獣退治をも目論んだ猟師雇用を加える方法が当時の一般的な防除のやり方であったものと考えられる。ちなみに猟師雇用費も威し人件費も、名主給に匹敵する額でありしかも祭礼費よりも多額であることから、村にとっての防除費は相当な負担であったことがわかる。また三十三パーセントを占める巨摩郡下教来石村（文政四年）では人足賃はみられないものの、焔硝代九十匁と猟師雇用四十八匁を合わせるとこれも名主給とほぼ同じ金額となっている。

このような高比率の村がある反面、三パーセント以下の村も九ヶ所認められ、特に山梨郡湯村（元治元年）、八代郡下野原村（万延二年）、高家村（文久四年）、巨摩郡平岡村（文政六年）、都留郡上吉田村（文化九年）では一パーセントと少ない比率を示している。

以上のことから獣害が多少でも生じている村にあっては、総経費の一割程度の防除費を平均とする中で、害の程度が激しくなると三割から四割を占めるようになるといった傾向があるのではないか。文化二年の上今井村にて七割近いというのは真に異常ともいえる数値である。また一割以下の事例も少なからず見受けられ、時期や地域による獣害の程度に大きな違いがあったことも確かである。なお、防除費を全く必要としない村が甲府盆地中央部の平地を中心に多かったことも、村の立地条件が大きくかかわっていたことになる。

二　猪害増減のサイクル——時期や地域による害の違い——

前項では夫銭帳全体に占める獣害対策の割合をみてきたが、ここでは防除費比率の移り変わりをたどり、そこから獣害には増減の波があったことを確かめてみたい。

まず一つの村内での変遷を追ってみよう。最も高い比率を示した巨摩郡北山筋上今井村の事例についてであるが、このデータは『韮崎市誌』資料編の上今井村夫銭帳一覧表を参考にしたものである。この数値を用いて宝暦七年（一七五七）から慶応三年（一八六七）まで百年余の期間の防除費比率をグラフ化してみた（グラフ1—4）。これによると、六十八パーセントと最も高い比率を示した文化二年以前は、宝暦年間以降四十四年間にわたって五十パーセントを越える高い比率を占めていたことがわかる。もっとも宝暦七年から明和七年の間が十三年、安永六年から寛政十年の間が二十一年もあり、この間の状況が不明であることから高い比率が全て継続したとは言い切れない。しかし文化二年以前にも多くの獣害に悩まされていた時期が多かったことは確かであろう。文化二年以降も十年間前後はやや低下したものの、再び文化十五年から文政十年までの十年間は五十パーセント前後の高い比率を示している。その後天保年間に至ると急激に減少し、明治時代を迎えることになる。

上今井村は茅ヶ岳山麓の最奥に位置する、畑作を中心とした石高百六十二石余という小さな村である。全出費の六

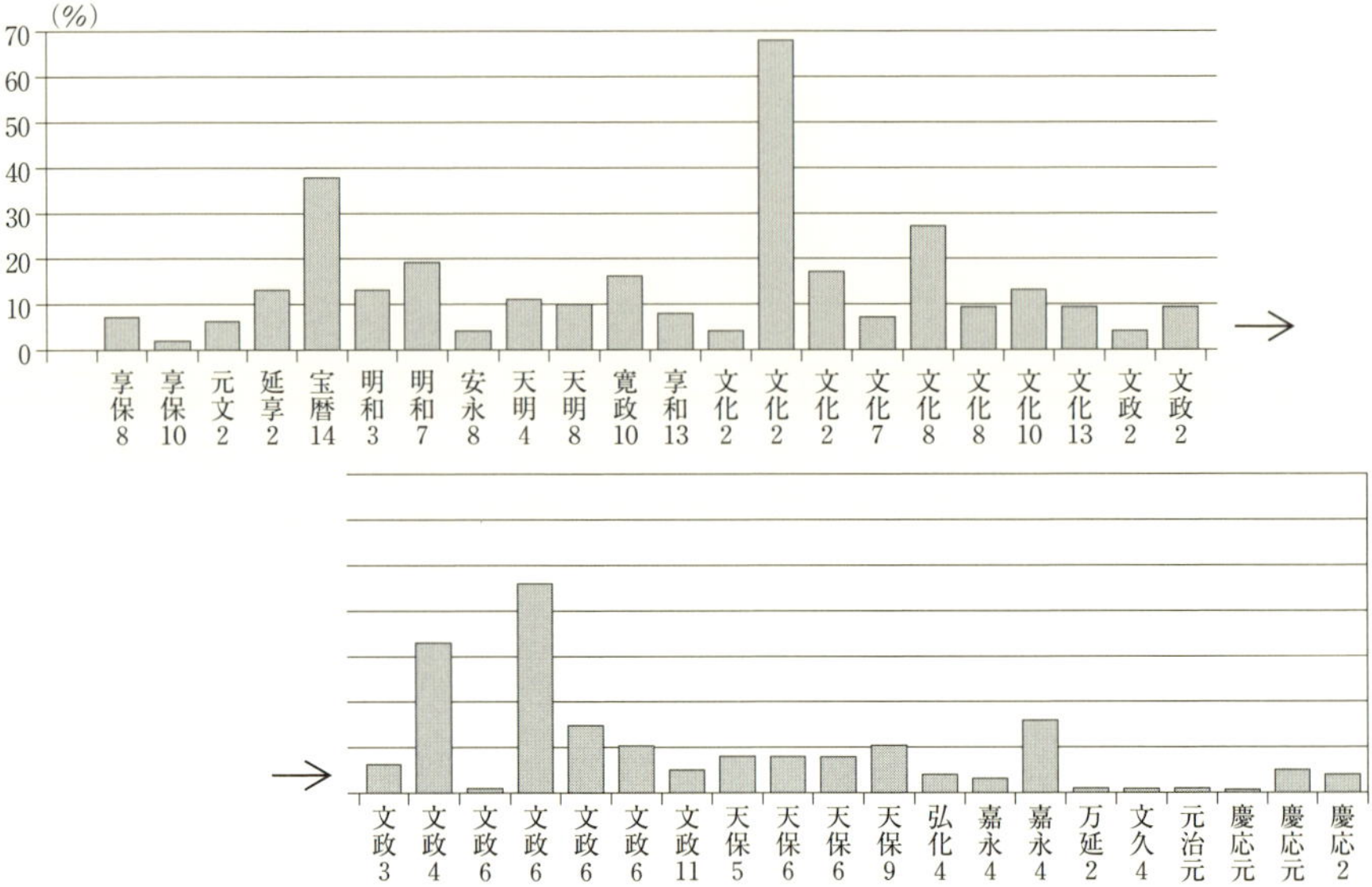

1．国中全体（同年の数値も含め、表4及び表10掲載の国中の防除費比率を全て表示してある）

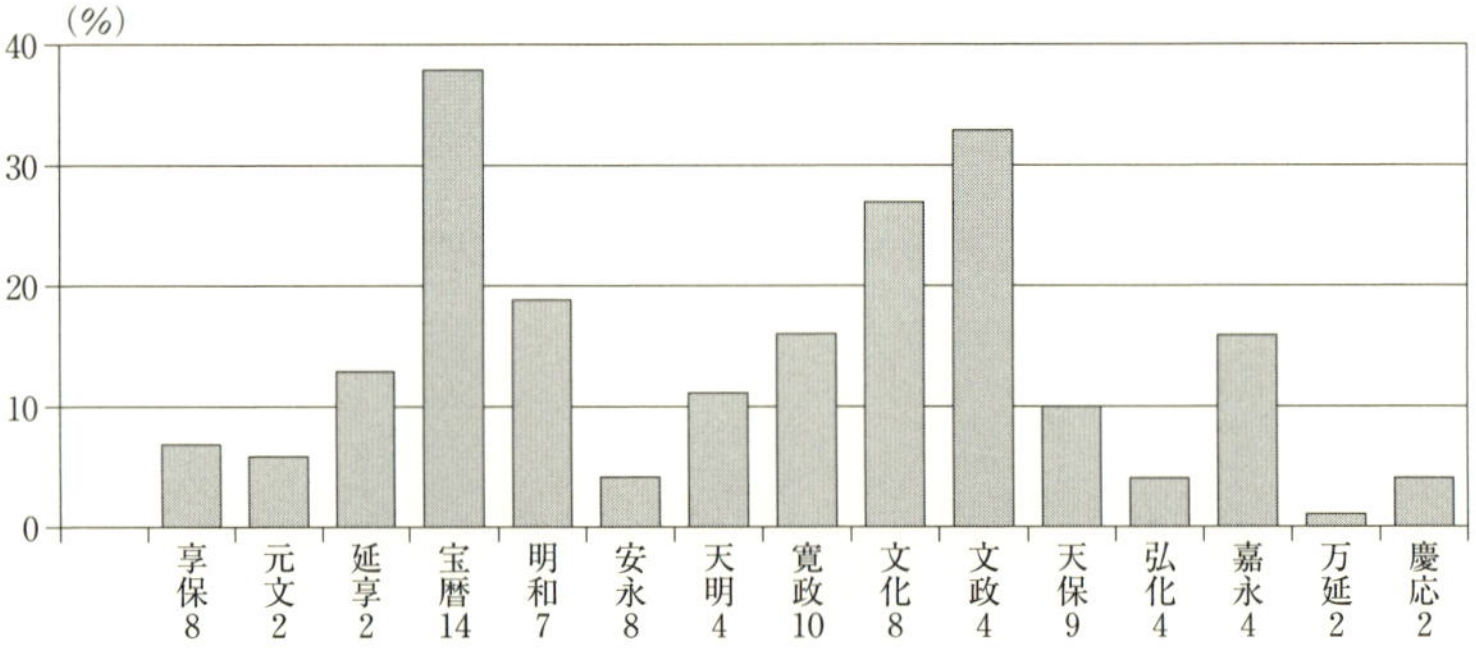

2．国中全体1の補正

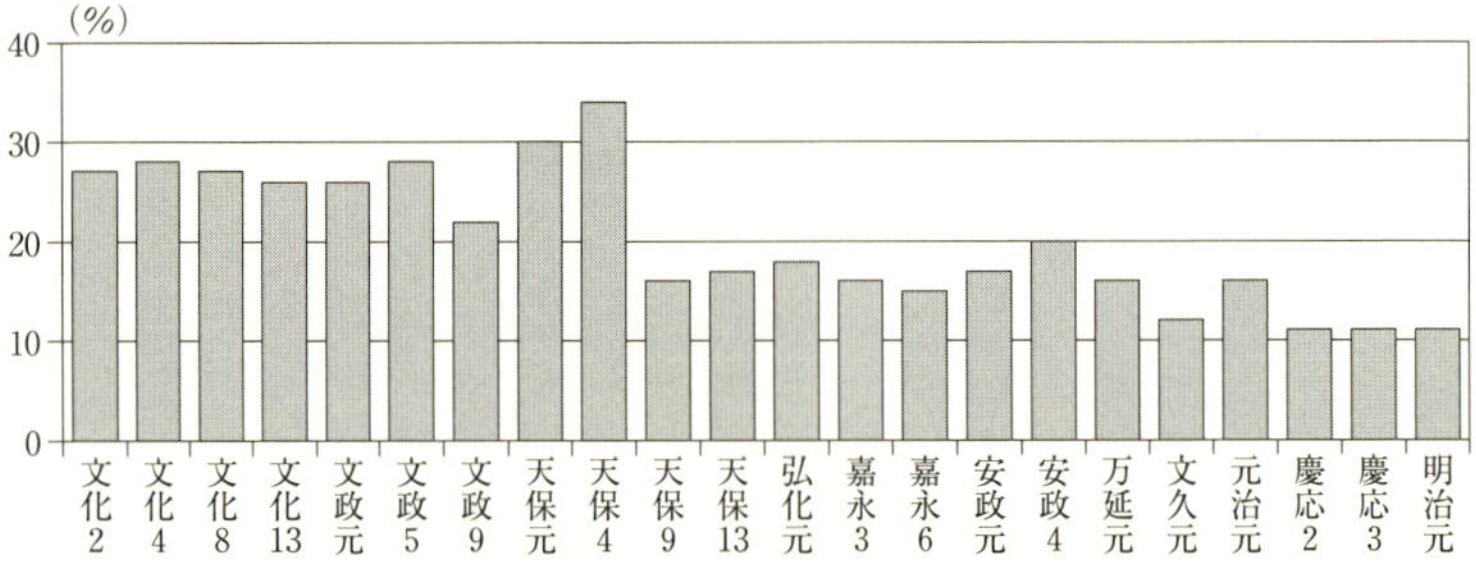

3．三之蔵村

グラフ1　甲斐の猪鹿防除費比率推移（新津2007より抽出）

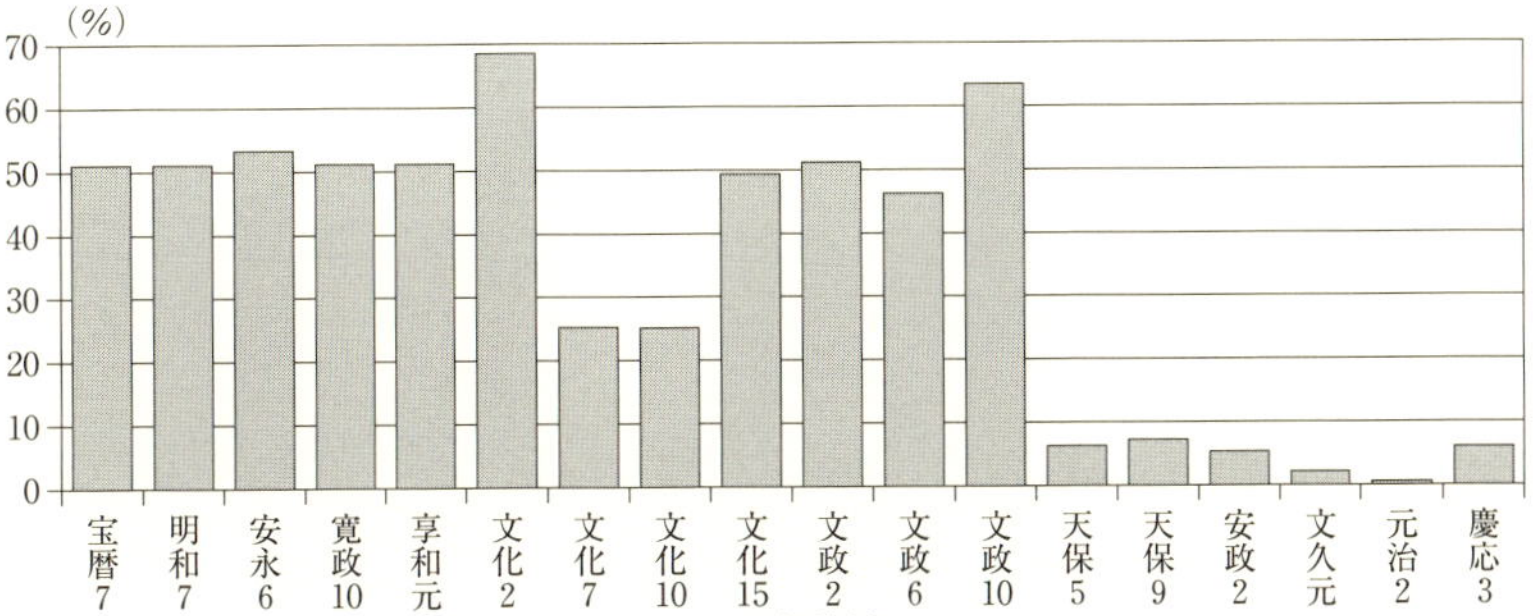

4．上今井村

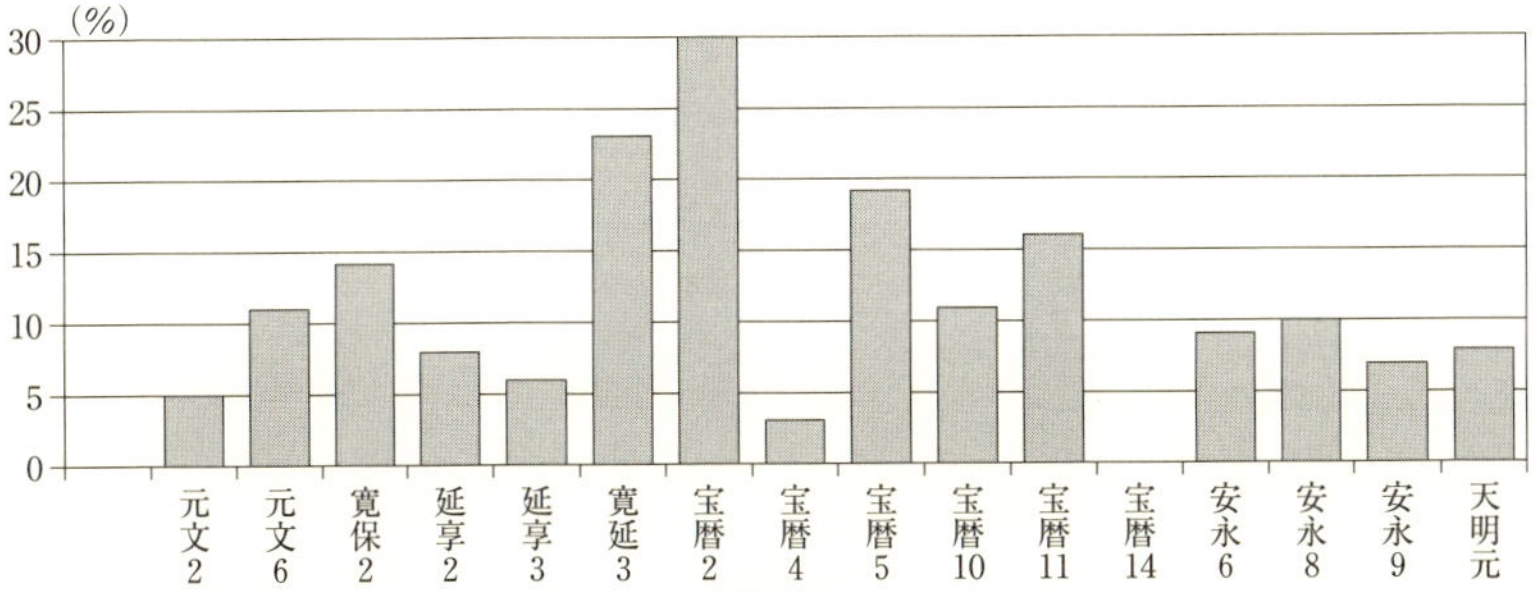

5．横根中村

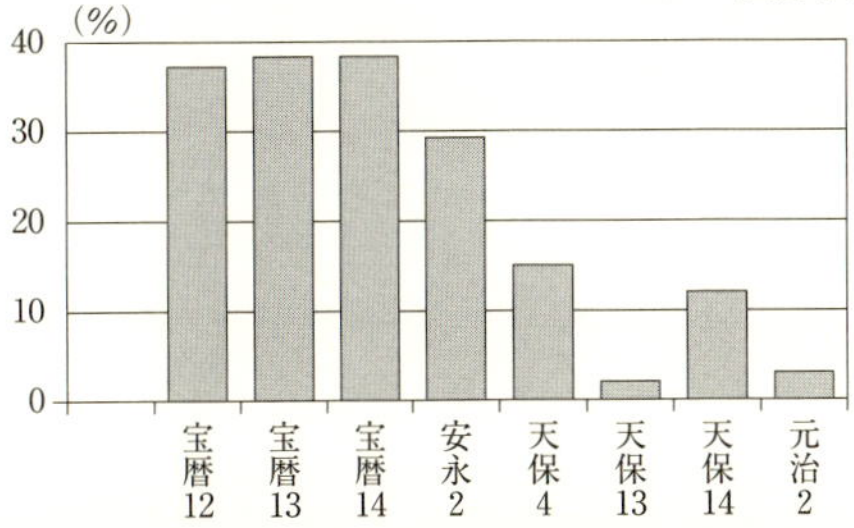

6．上黒駒村下組

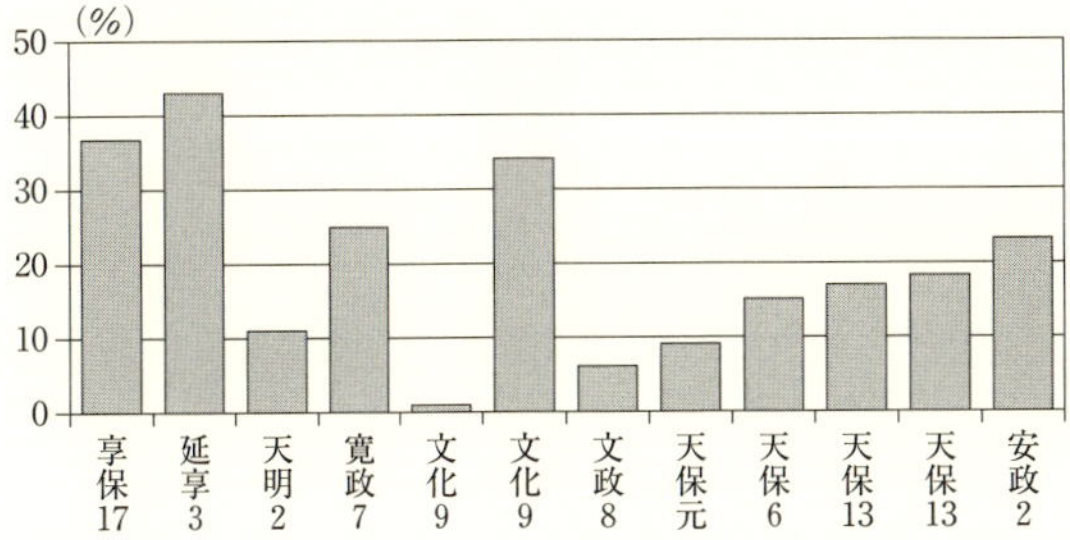

7．都留郡地域

十八パーセントを占めた文化二年でも実質金額からすれば銀百九十二匁五分にすぎない防除費ではあるが、石高の少ないこの村にあっては相当な負担である。それが宝暦以降文政年間まで波状的に押し寄せたとしたら、村人の苦労は並大抵ではなかったろう。上今井村の西方四キロメートルほどの同じ山麓に位置する巨摩郡逸見筋三之蔵村についても天保の初めまでを含む文化・文政年間が三割前後の高い比率であったものが幕末になるに従い低くなり、慶応／明治には半分以下になってしまう（グラフ1―3）。増減差は上今井村ほどではないにしても、傾向としては類似しており、茅ヶ岳南西麓地域での猪鹿害の状況がわかる。

上記の二ヶ村と同じ巨摩郡ではあるものの、四十キロメートルほど離れた富士川下流域に位置する西河内領横根中村では、元文二年（一七三七）から天明元年（一七八一）という江戸中期から後期初めの五十年間ほどの資料であるが、ここでは寛延から宝暦前半をピークとして天明に向けて減少する様子がとらえられる（グラフ1―5）。宝暦年間にて高い比率を示す事例には、八代郡大石和筋上黒駒村下組がある。ここでのデータは宝暦十三年から元治二年までの百年間の内でも八資料しかなく詳細は不明ながら、宝暦年間にて四十パーセント近いという高い比率を示している（グラフ1―6）。

以上少ない事例ではあるものの、一つの村における防除費の占める比率は、江戸時代という長い期間を通して一定であったわけではなく、上下の変動があったことがわかる。やはり猪や鹿の生息数が時により異なっており、その出現状況により防除費の比率が左右されたものと理解できる。その高い比率にある時期としては、上記の少ない資料からではあるが、宝暦頃および文化／文政年間をあげることができる。

このような傾向について、甲斐国全体ではどのような状況であろうか。

第二章表4のうち都留郡を除いた国中《くになか》地域の比率を一覧化したのがグラフ1―1であり、さらに同じ年号や近接するデータ・突出するデータを削除するなど補正したものがグラフ1―2である。表4自体が最も獣害対策の特徴を表わしたデータを選択したものであることから、全体の傾向を正確に表現したとは言えないが、およその傾向はとらえられるものと考えている。このグラフからは、データ収集ができた享保年間から慶応年間に至る江戸時代中期から幕末までの百四十二年間の防除費比率の大体の変遷をみることができる。すでにみたように防除費の比率としては十パーセント前後が通常の数値であることを考えると、三つほどのピークをみることができる。まず宝暦から明和年間と文化／文政年間に大きなピークがあり、幕末にも小さいながらも増加の傾向をみることができる。特に文化／文政のピークは大きい。しかも増加傾向は寛政年間から始まっており三十年間ほどの長期にわたってこの傾向が続いた厳しい時期であったようだ。先にふれた文化六年竹日向村、文化九年大明見村における猪垣の構築は、こうした猪害の激しさに呼応した対策の一つであったことがわかる。それより以前には、宝暦年間を中心に延享から明和まで含めたあたりにみることができる。やはりこの二十五～三十年間に被害が多かったとみてよいのではないか。

　富士北麓や桂川流域などを含む都留郡の様子は、表10とグラフ1—7に表わしたとおりである。ここでは国中地域にてはあまり多くなかった享保年間に高い比率があるとともに、国中にて高かった宝暦直前の延享年間及び文化年間が目立っているという共通点もある。さらに幕末に至る時期では天保年間から増加が始まり、安政二年には二十パーセントを越えている。国中地域でも幕末にやや上昇する傾向があったが、このような高い比率はみられなかった。しかし全体的なサイクルからみればピークが訪れる時期には、国中・郡内とも共通した傾向を窺うことはできる。

　ところで国中については一つの地域として一括で取り扱ったものの、ここは秩父山地、御坂山地、南アルプス山地といった複数の山塊に取り囲まれた地域である。このような生息地域ごとの村々にて防除費用比率の変化が整理できれば、獣害増減のサイクルをより正しくつかむことができるのではないか。地域ごとのデータをさらに蒐集していくことが、これからの課題ともいえよう。

　以上、江戸時代後半期における夫銭帳にある防除費の比率について、甲斐国全体での傾向を概観してきた。享保年間以降の、しかもそれぞれの地域ごとには限られたデータからではあるが、江戸時代後半期をとおして防除費比率は一定ではなく、時期や地域により相当の増減を認めることができた。それはとりもなおさず猪・鹿を中心とした獣による被害の増減でもある。甲斐を取り巻く山々、それに接した地域の村々では多少にかかわらずこのような被害を受けている。その対策費については、夫銭帳記載総額の十パーセント前後が平均的な経費であったとみてよく、獣の出現が少ない年は数パーセント、多い年が二十~三十パーセントという傾向があり、時期によっては五十パーセント以上という村もみられた。このような対策費=防除費増減の波は、まさに集落環境への猪や鹿の出現のサイクルを表わすものである。上記のとおり少ないデータであるとともにデータ選択上の問題点はあるものの、甲斐国にあっての傾向としては宝暦前後、文化/文政年間に大きなピークがあり、さらに幕末末期にも小さいながらピークを認めることができた。今後さらに多くのデータを集め、甲斐全体の傾向と各地域での実情を検証していくことが必要である。

ここで甲斐に隣接する信濃の例を一つあげてみよう。千曲川源流域に位置する現在の長野県川上村は、山梨県北杜市や山梨市と峠を境にして隣接する山村地域であり、江戸時代には梓山、秋山、川端下《かわはげ》、居倉、大深山、原、御所平、樋沢の八ヶ村から構成されていた。この各村々の夫銭帳が『川上村誌』(川上村誌刊行会一九九三~二〇〇三)に掲載されている。村によってばらつきはあるものの、川上村域全体としては享保二十年(一七三五)から明治七年(一八七四)まで断続的に夫銭帳が残されている。この中に猪鹿害を防ぐための対策費が記録されている。鉄砲の焔硝や火縄代、猟師や人足の雇用費、三峯神社関連費などがこれに当たる。各村の防除対策費は銭二百文から十九貫九百文までと大変ばらつきがあるが、大体三貫文から五貫文が普通であり、十貫文を越えると特に多いことになる。これを夫銭帳に占める防除費の比率からみると、五~十パーセント位が普通、それ以上が多い年、さらに二十パーセントを越すと特に多いということができる。防除費が増加する時期は八ヶ村で共通するのではなく、いくぶんずつずれている。これは千曲川最奥の梓山村からより下流の樋沢村までは十五キロメートルほどの距離があり、この間での猪鹿の出現期が少しずつ異なっていることによるものであろう。このような時間差はあるものの、川上村域八ヶ村を一つの地域としてとらえて、元文二年(一七三七)から慶応二年(一八六六)までの百三十年間における各年の防除費比率の最高値を抽出したものがグラフ2である。これからみると増減の波には、およそ四つのピークを確認することができる。安永

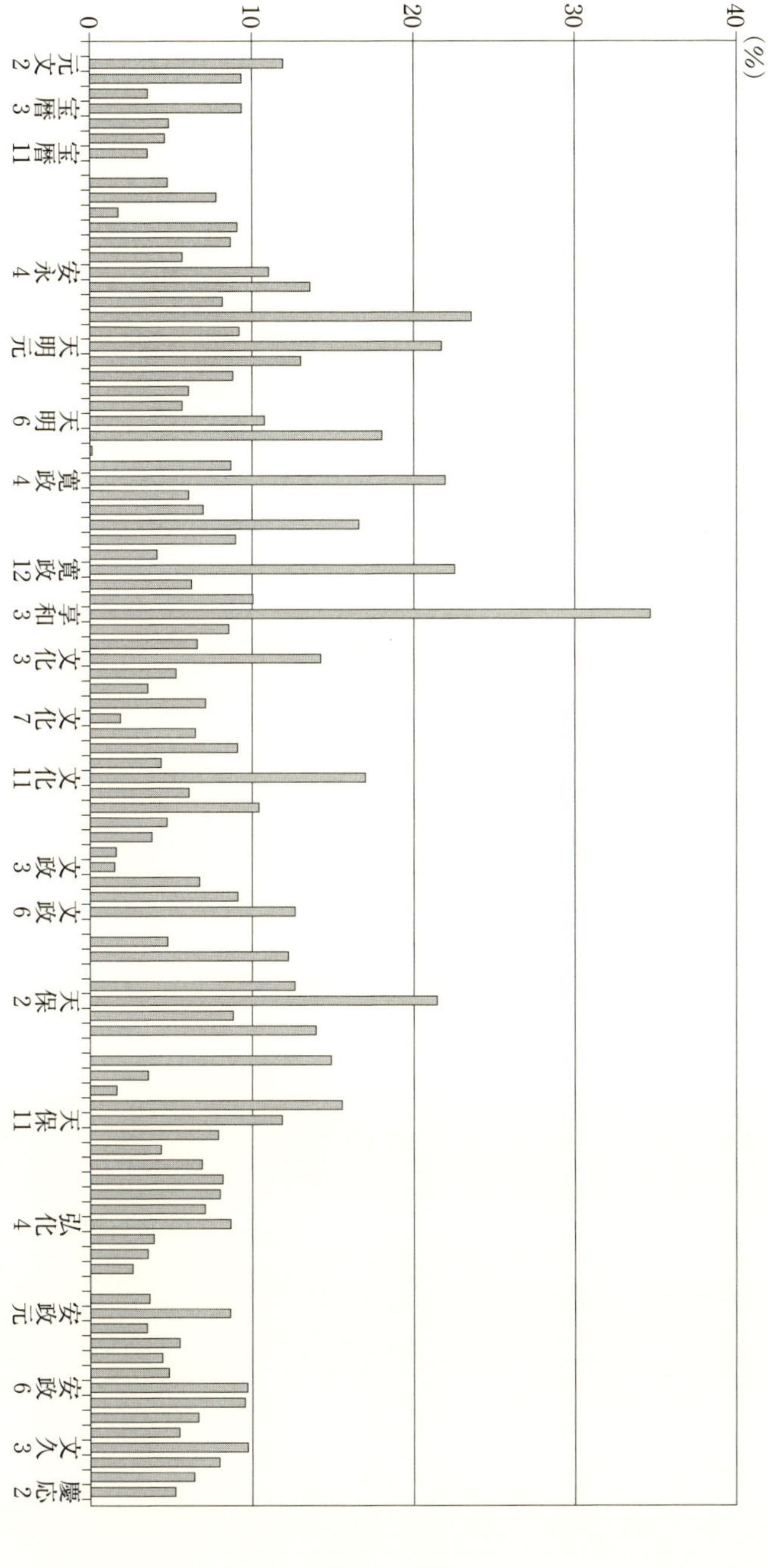

グラフ2　信濃川上村域の猪鹿防除費比率推移

四年から天明二年（一七七五〜一七八二）、天明六年から文化三年（一七八六〜一八〇六）、文政六年から天保十一年（一八二三〜一八四〇）、そして低いピークながら安政から万延・文久年間（一八六〇年代）である。このような傾向は金額そのものをグラフ化したピークともほぼ一致する。ただ万延期以降については額面では十貫文を超す高額な例もあるがこれは物価高騰が影響しているものと思われ、比率では十パーセント程度である。従って大きなピークとしては三つの時期になろうが、このうち安永四年から文化三年（一七七五〜一八〇六）の間にはいくつかの谷はあるものの、この間をひとつながりの増加期としてとらえてよいのかもしれない。そうした場合、これが第一のピーク期、文政六年頃（一八二三）から天保十一年頃（一八四〇）までが第二のピーク期であって、第一ピーク期内には短期間での上下の動きが含まれることになる。

グラフの高低は防除費の増減をあらわしたものであるが、これは獣害の増減を意味するものであり、さらには猪や鹿の出現率にもつながるものであろう。ここに、獣害のサイクルをみることができるのではないか。このサイクルは数年から十数年間隔で増減を繰り返すようである。第一のピークを安永四年頃から文化三年頃とするとその期間はおよそ三十二年間であり、十七年間ほどの減少期を経て、文政六年頃から再び増加期に入り天保十一年頃まで十八年間ほどこれが続く。天保十一年以降は減少傾向にあり、二十年間ほど経った幕末の最末期にはやや増加する傾向を認めることができる。

一方、宝暦三年（一七五三）から安永四年（一七七五）までの期間は、宝暦十一年（一七六一）を底としたゆるやかな減少カーブを描いている。この期間は二十三年間である。こうしてみると十数年から二十年位の期間をベースに増減が繰り返されるようである。

なお第一のピークとした安永四年から文化三年までの三十二年間については、ひとつながりの増加期とみなしたが、グラフからみてもわかるように実際は間隔の短いピークが三時期ほどあることから、増加している時期ではあるものの六年、七年間隔という短い増減周期から構成されるという見方もできる。

先には甲斐国の事例として、二十年から三十年という増加期間をみることができたが、これに類似する傾向と言えよう。

ところで、以上は川上村域全体を包括した傾向であるが、八ヶ村それぞれでは増加期のピークは全く一致するものではない。第一ピークの三十数年の中で、梓山村では初頭段階、原村では後半段階、御所平村では中葉段階にそれぞれピークがある。第二ピークでも秋山村、原村、樋沢村では前半期、大深山村では後半にそれぞれピークがある。万延以降の最幕末期では千曲川最奥の梓山村や秋山村では防除費が殆どかかっていないのに対して、より下流の居倉村や大深山村では多くを費やしている。このことから同じ川上地域にあっても、村によって出現時期が異なっているといった現象が生じていたことになる。もちろん千曲川に沿った最奥部の梓山村から下流の樋沢村までは約十五キロメートルあり、この広い範囲内での獣の生息状況が全く同一であった訳ではないだろう。その原因については獣の棲み別けや集団の違い、獣害を受けにくい栽培作物の工夫の差、防除対策の違いや効果などが影響していたものと考えられる。

以上、甲斐国及びそれに隣接する信濃国川上郷八ヶ村での防除費の変遷をみてきた。それにより時期による防除費の増減をつかむことができたが、そのことは猪や鹿出現の増減につながるものであり、さらにはそれら動物の繁殖にまでかかわっていたものと考えられる。被害の増減サイクルはまさに猪・鹿の個体数増減のサイクルでもあろう。従って防除費比率の増加は、当然猪や鹿などの個体数の増加および人里への出現程度の高さを表わすものであり、その背景を考えることが必要である。現在におけるここ二十年来の獣害の増加は、気候の温暖化、山地での植林状況、山沿い耕作地の荒廃などによる環境の変化によりもたらされたものと考えてよいだろう。江戸時代の猪害の要因の一つに、商品作物の栽培があった。第一章でみたように東北八戸藩における大被害は、大都市江戸での大豆の需要が原因であったという。大豆畑の増加、その休耕地への葛などの繁殖。そのような環境が猪の繁殖をもたらし空前の被害に至ったとされる。これを西村嘉氏は「原因は、まず政治的あるいは経済的な要因」という厳しい見方でとらえた。江戸時代における猪や鹿の害、そこにはこのような自然条件と人為的条件が入り組んでの背景があったとみてよいだろう。

甲斐における獣害が目立った宝暦年間や文化／文政年間も、同様に考えてよいのであろうか。甲府城下の繁栄の陰に、食料増産や建築用材のための山林の伐採など、環境変化をもたらした要因や気候温暖化というような現象があったのだろうか。これらの資料を探し、検討していくこともこれからの課題である。

ともあれ、現代におけるここ二十年間ほどの猪鹿害の増加は、まさに江戸時代における獣害サイクルでみた期間に類似している。現在もまた過去にたどってきた獣害サイクルの中に位置づけられるのかもしれない。猪や鹿害の増加、その原因をつかみ、人と獣との正しいつきあいを求めていくためにも、江戸時代に学ぶ必要があろう。

三　猪害の現状と要因

激しい獣害、そしてその防除に昼夜なく当たった農民の辛苦。猪と人との攻防が繰り広げられた江戸時代ではあったが、明治中頃から昭和前半期までは比較的獣害の少ないおだやかな時期が訪れていた。長野県の事例ではあるが、松本平での捕獲例が明治三十五年を最後として、猪被害は昭和十年代まで減少したという。それが再び被害が高まってきたのが昭和十四年頃からであり、その年天竜村では猪の被害が二千円以上にもなり、さらには昭和二十六年には大鹿村にて「シシ追い百夜」となるほどの被害にまでなったという（松山一九七八）。昭和十四年の場合大井川上流域での大伐採が原因とされ、やはり時代による産業や開発との関連も深いと言える。

このような猪害について江戸時代の事例からは、その期間内に小さな増減は含まれるもののおよそ二十〜三十年ほどという増減サイクルが考えられた。明治維新以降の詳細な被害は不明ながら、長野県南部では明治三十五年から昭和十四年までの三十八年間は被害が目立たないことになり、昭和十四年以降被害が顕著となりはじめる状況が、先の

写真13　現在の猪垣（大塩地区）

松山義雄氏の著書からわかる。太平洋戦争中の状況はわからないが、大被害の記された昭和二十八年もこの継続期間に含めるとすれば十数年間が被害増加期間となる。その後被害は目立たなくなったが、昭和末年から平成初期に再び獣害が生じてくるようになる。特に最近の十数年間は特に著しい。現在はまさに被害高揚期の真っただ中にあり、過去の事例を参考にすると現在の獣害もサイクル的にはまだ十年程度は継続することになる。ここで山梨における近年の獣害について、いくつかの事例をあげてみよう。

平成十五年九月、南巨摩郡身延町（旧中富町）大塩地区を訪ねた。ここは江戸時代の大塩村であり享保十八年村明細帳に「耕作之外作間ニ茂猪鹿せいとう仕候故（後略）」と記されるほど猪や鹿の害が多かった地区である。町の文化財保護審議委員であった神宮司諟氏に村中を案内していただいた。神宮司氏の田んぼは、集落から一つ尾根を越えた沢筋に開かれている。この辺りの水田は全て柵囲いがしてあり猪の出現が多いことがわかる。みのりの時期を迎えた神宮司氏の水田では次のような囲いがしてある。①鉄筋の金網・高さ一メートル、幅二メート

写真14　水田脇にもヌタ場が……

写真15　胡麻と大豆が育つ畑（周囲には網による猪除け）

写真16　トタン囲いの畑（竹日向地区）

ルを竹の杭でつないでいく、②トタン板（高さ六十センチ～九十センチ）＋網（野球ネットの廃物利用――高さ九十センチ前後）＝高さ一・五～二メートル（写真13）、③馬入れ箇所はネット。柵の外側の荒地には猪のヌタ場と化している所もある（写真14）。また、集落近くにある別の畑では市販の猪専用ネットが用いられている。これは高さ二メートル、長さ十五メートルのものである。このまま設置すると下からもぐり込むことから、ネットの下の部分を鉄筋アンカーでしっかり止めたり斜面に這わせたりすることから、実際の高さは一・五メートル前後となる。現に下からもぐられたため、昨年は七月頃に大豆の若葉がほとんど喰われ、今年は里芋が七月に全滅とのこと。現在は胡麻と大豆を一緒に栽培している（写真15）。その理由は、胡麻は猪も猿も喰わないから大豆が被害を受けても胡麻は残る、とのことである。確かにこの畑では大豆の間に胡麻が見事に育っていた。柵の設置とともに作物での工夫については、明和八年川浦村明細帳にある「但シ粟、大豆、そば、いも類、猪鹿多く後座候故、作不申候」を思い出す。

　神宮司氏によると大塩地区にて猪の被害が始まったの

写真17　柵につるされた髪の毛入の袋（竹日向地区）

は、十数年前からとのこと。最初は竹の子が被害にあったことから①地表から二十センチ位の高さに針金を一本巡らすことで効果があった、②次には四十センチの高さにも張り巡らし、針金は二段となった、③更には、トタン板を使わねばならないようになった、という経過の中で、現在はより工夫を凝らした囲いで防いでいる。

甲府市竹日向町は荒川上流域の山間部に位置する。前章で紹介した「猪堀」の文書が残る江戸時代の山梨郡竹日向村であり、その猪垣が巡る尾根の南斜面に今もわずかながら畑が耕されている。それらの畑にトタン板や鉄板による柵が巡らされている（写真16）。トタン板は百八十センチ×九十センチのものを横方向につないでいくもので、竹あるいは木杭で止めてある。トタン板や鉄板の上にはさらに竹を巡らしたり有刺鉄線を張ってあることも多く、全体では百二十センチほどの高さになる。猪が嫌うという髪の毛を入れた袋を下げている柵もある（写真17）。猪は人の髪の毛を嫌うということから床屋さんから髪の毛を頂戴し、袋にいれて吊しておくとのこと。平成十五年十一月、猪垣の場所を案内していただいた笹本淳氏及び歌子夫人によると、夫人が村を離れた四十年

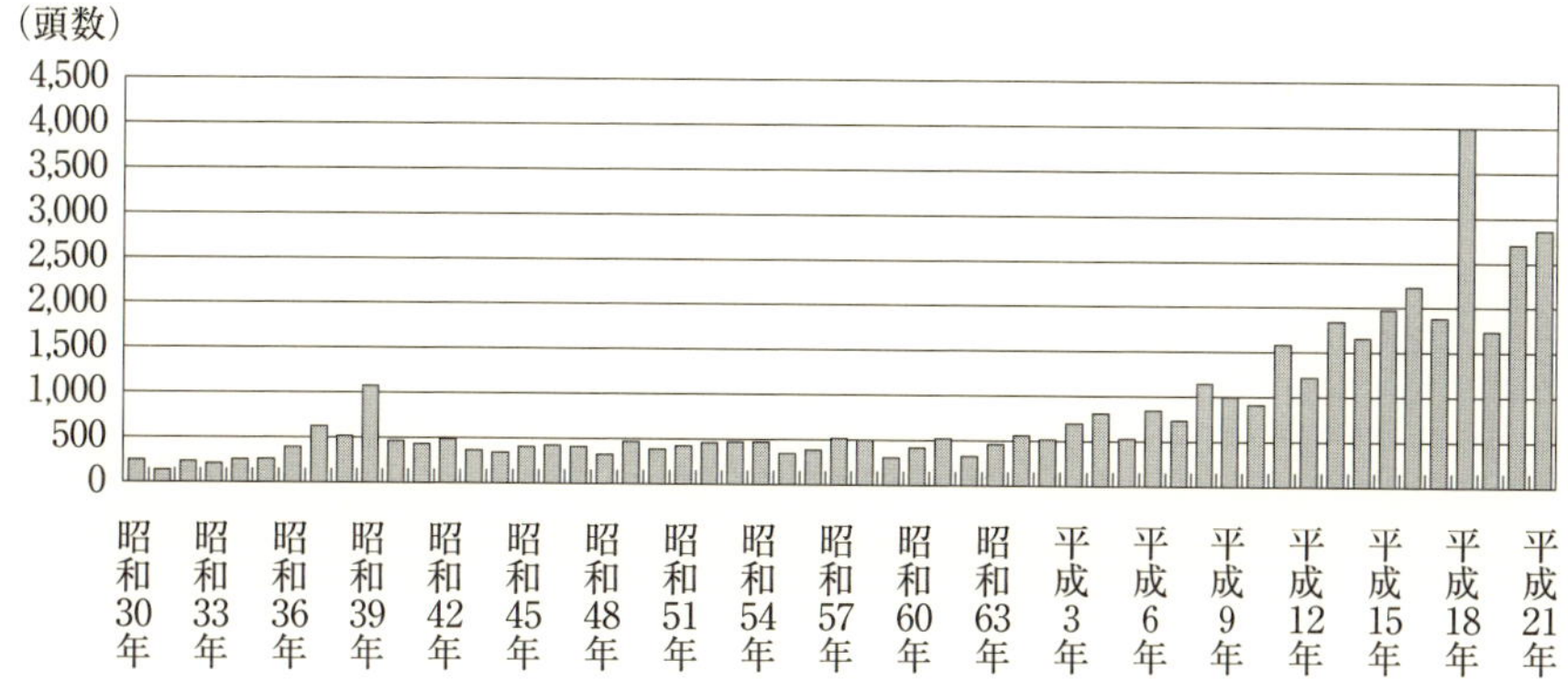

グラフ３－１　猪捕獲数の推移（山梨県）

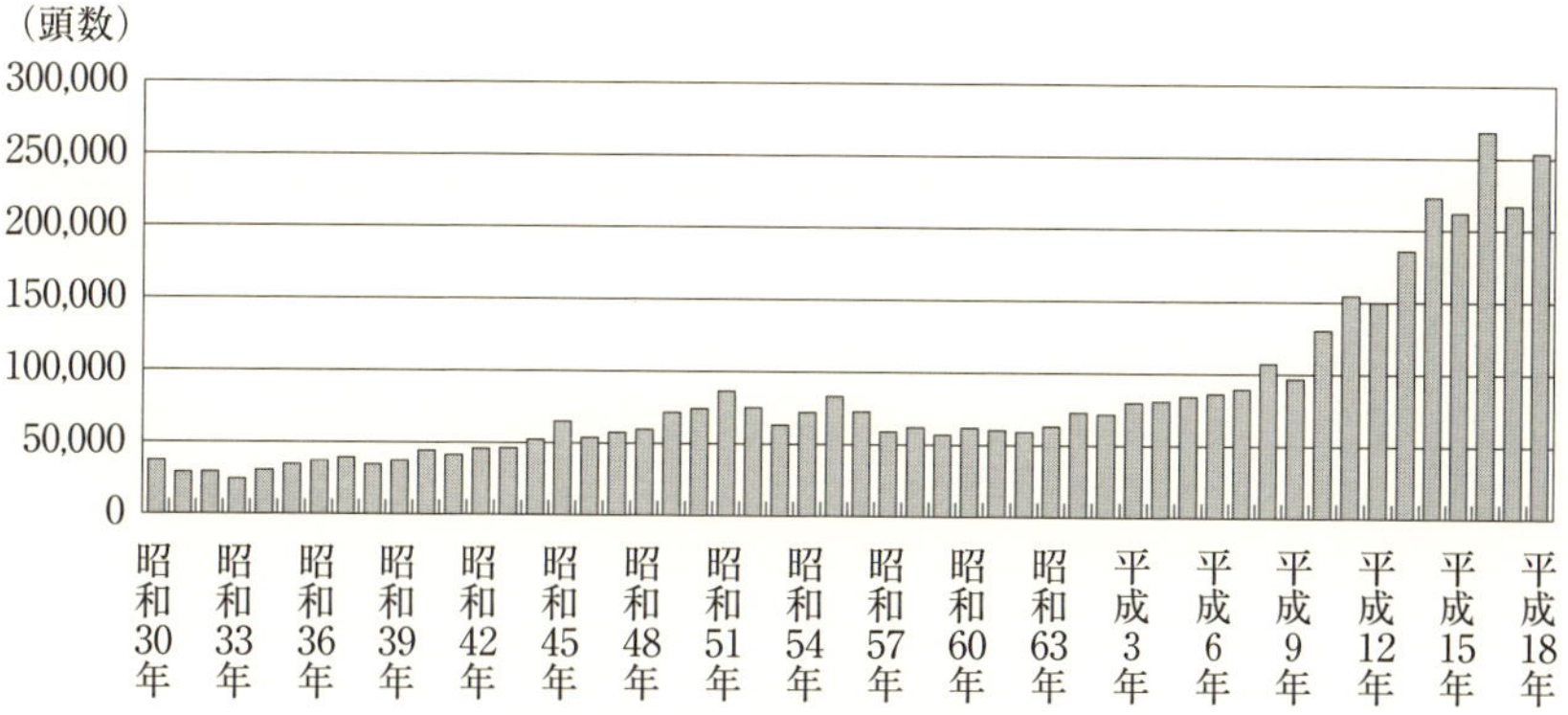

グラフ３－２　猪捕獲数の推移（全国）

前には猪の害など全くなかったとのことであり、今も地元に住む方のお話しによると害が目立ってきたのは十年から十五年位前からとのことである。

大塩や竹日向にて伺った、「被害のはじまりが十数年前」ということは重要である。猪や鹿の害が目立ちはじめること、それは猪や鹿が山から耕地へと出現してくること、更にはそれらの獣の個体数が繁殖してきたことを意味する。平成十五年時点での十数年前とは、昭和から平成に移る頃のことであり、その原因が実はこのような時代性に隠されていると思われるからである。

ここで狩猟により捕獲された猪数を、山梨県特定鳥獣（イノシシ）保護管理計画（平成十九年七月変更版）のデータ（山梨県森林環境部みどり自然課二〇〇七）、から作成したグラフにより追ってみよう。捕獲数は狩猟免許者による通常の捕獲数と有害獣としての捕獲数の合計で表わされている。グラフ3―1は山梨県内での猪捕獲数である。昭和三十年以降昭和三十九年の異常値を除いて概ね二百から四百頭の間で微動しているが、平成元年に五百四十七頭が捕獲されて以降増加する傾向をみることができる。特に千百三十六頭が捕獲された平成八年以降は急増し、平成十三年には千八百を超え、更に平成十八年には三千八百頭台に乗っている。このような傾向はグラフ3―2に示した全国の集計数にもみることができる。やはり平成元年に七万台に乗ると八年には十万頭、平成十四年からは二十万頭を超えるようになっている。以上の数値からみると平成元年頃から猪の個体数が増えはじめるとともに、獣害も目立つようになり平成十八年前後にピークを迎えるといった様相をつかむことができる。これがそのまま被害を表わすとは限らないが、少なくとも個体数が増加したことは確かであろう。「考古編」にて紹介した、山梨でのウリボウ保護の事例が目立った平成十七年や十八年という年は、全国的にもまた山梨としても猪の捕獲数が非常に多かった時期でもある。

では猪の被害はどのようにとらえられているのであろうか。農林水産省及び山梨県農政部のデータでは、被害を受けた面積（ヘクタール）、被害量（トン）、金額の三項目で集計されている（農林水産省二〇〇八他、山梨県農政部農業技術課二〇一〇他）。被害を受けた作物は果樹、野菜、イモ類が多く、この三種類で全体被害の八割ほどを占めている。全国の集計では稲の被害が最も多いのに比べて、山梨の地域性が表われているといえよう。このグラフ4―1にみるように山梨県の被害金額は平成八年以降のデータが整っているが、異常値である平成十一年を除き、およそ一億円台で推移している。特に平成十三年から十五年は二億円に近い被害が出ており、捕獲数と比例する傾向が見受けられる。しかし平成十九年度から二十年度は五千万円台と半減している。被害面積の推移では三百ヘクタール～六百ヘクタールと変動が激しいものの、平成二十、二十一の二年間は四十七ヘクタールと激減している。このように山梨県のデータからは、二十年近く上昇気味であった猪害がピークを越えたかのようにも思われる。但し山梨県内の被害は、これ

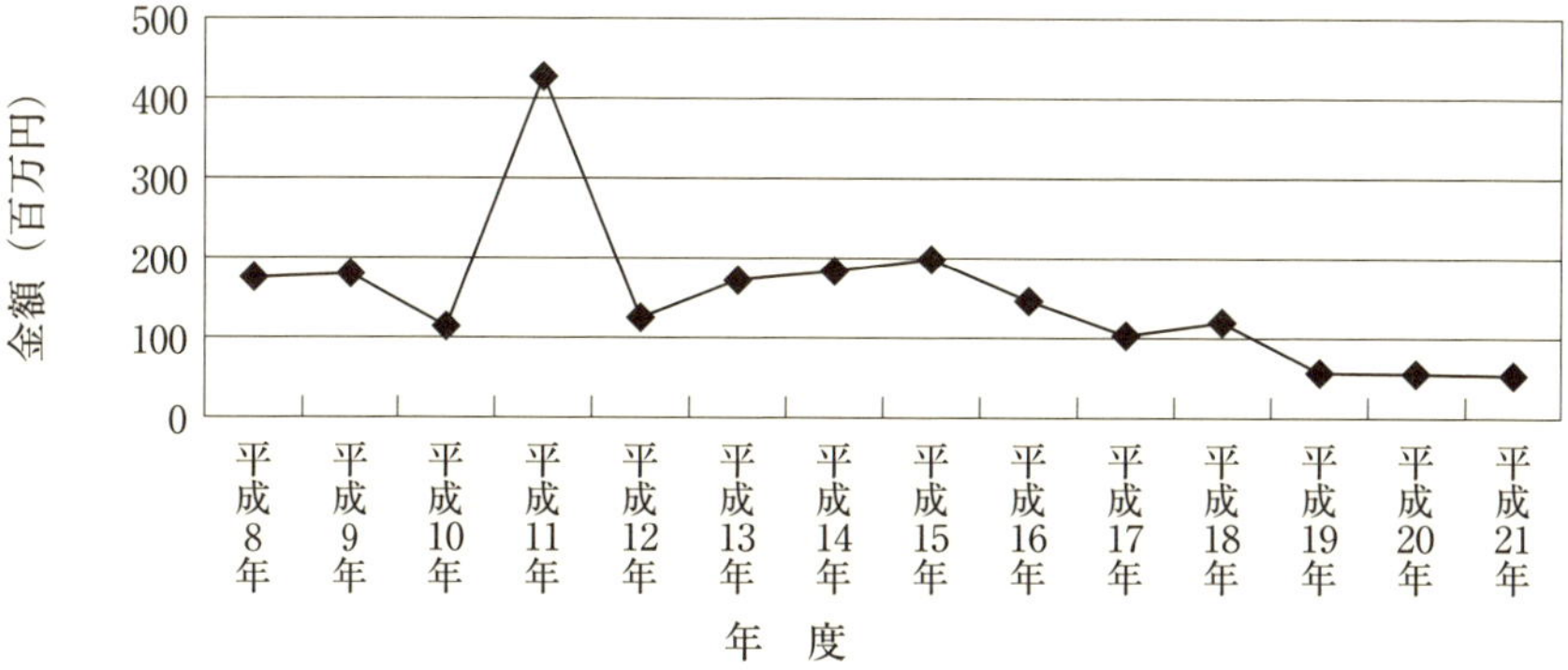

グラフ４－１　猪被害金額推移（山梨）

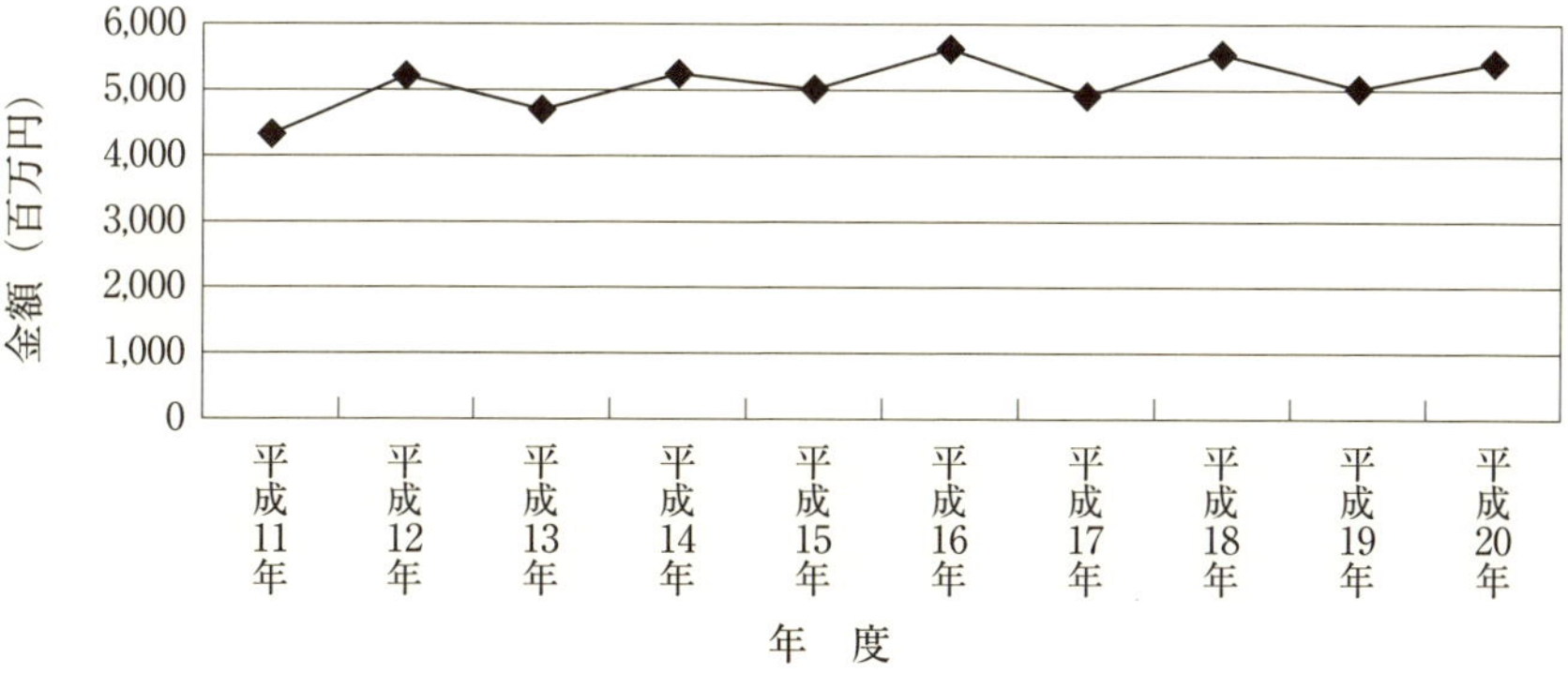

グラフ４－２　猪被害金額推移（全国）

まで果樹の被害が最も多いことから金額的にも損失額が大きかったが、徐々に野菜の被害が上回ってきたことにより、金額の上では減少する傾向があるらしい。また全国値からは二十年度にも依然として被害金額は五十億円台を保ち続けており（グラフ４―２）、被害面積一万二千四百ヘクタール、被害量三万五千百トンという数値も依然として高いままである。平成初年頃に始まった被害増加期は、平成二十年時点ではまだ継続中であることを意味する。

山梨での被害減少については、介癬病により猪が減少したという情報もある。「考古編」でもふれたように考古学研究者の小野正文氏が餌付けに成功したウリボウも、死亡原因は介癬病とのことであった。しかし、鹿／猿／熊の出現は依然と衰えてはおらず、野生獣の山林での生息環境が好転した状況

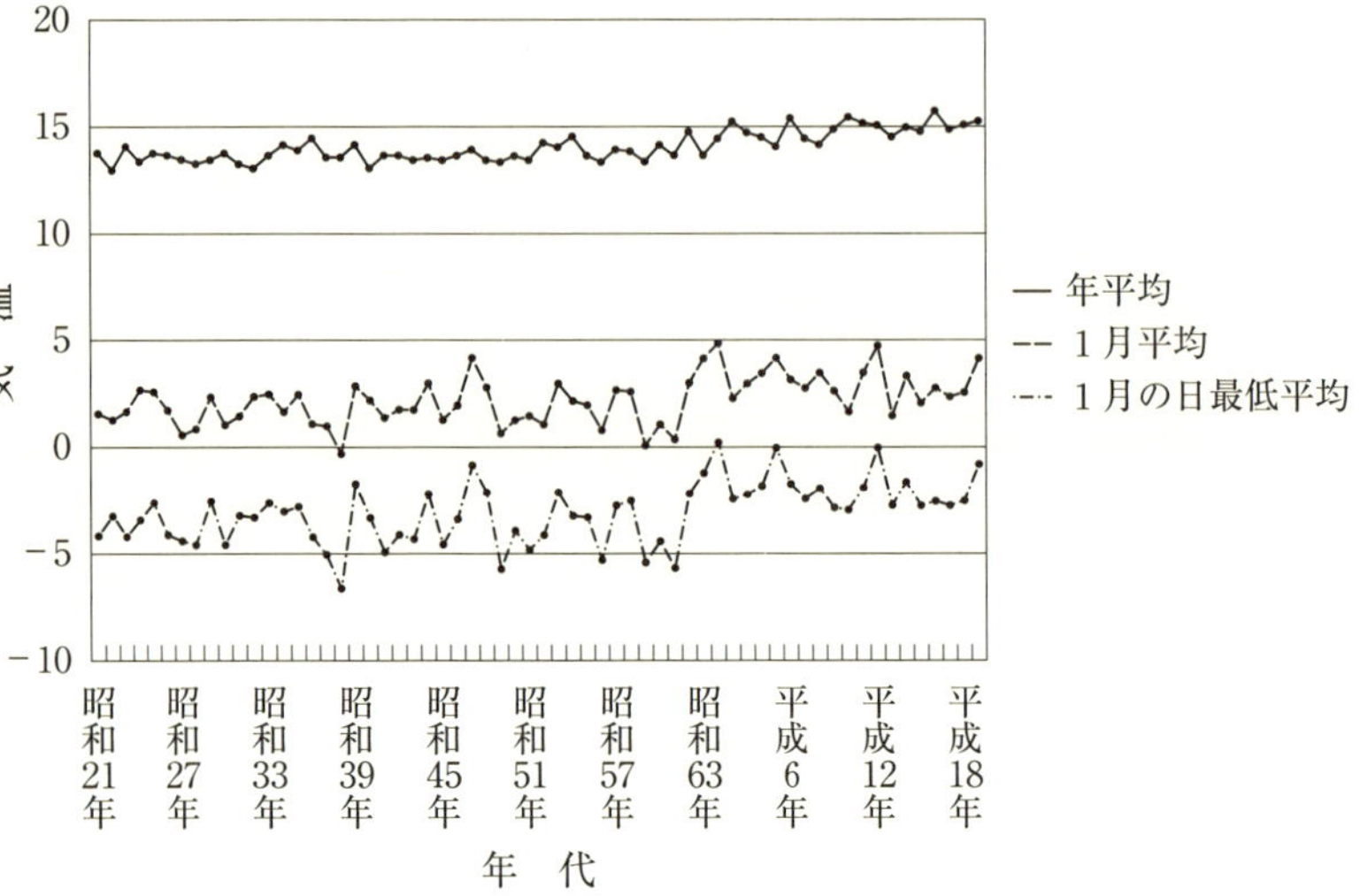

グラフ5　気候温暖化グラフ

は認められない。何らかの理由により猪の個体数増加に歯止めがかかったとしても、自然環境や気象条件からは猪の減少期には入っていないと思われる。江戸時代の例では、猪増減サイクルにおける増加期は二十年から三十年というスパンがみえたが、この期間内にも小さな増減の波はいくつか認められている（グラフ1―1、1―2、グラフ2を参照）。

なお鹿（牡）については猪ほどではないものの昭和六十一年頃から上昇傾向にあり平成八年以降増加している。特に平成十七年以降は牝鹿の捕獲も加わり千頭を超え、翌年には二千頭台に乗っている。被害金額も猪に近づきつつあるという現状となっている。

さて、以上のように里山以下の耕作地に猪が出現する兆候が現われはじめたのが昭和の終わり頃からということになるが、このことは猪や鹿の生息域が変わりはじめたことにもなる。この原因として、気候の温暖化や山村地域における農業人口の減少と農地の荒廃化などがあげられている。特に、山沿いの荒廃した耕作地が野生獣の生息を促進していることになる。これまでにも山林生態系の変化が指摘されてきた。戦後の針葉樹の植林や林業経営の悪化にもとづく山林の荒廃により、豊かなみのりをもたらした落葉広葉樹林帯が減少し、獣類の生息環境が悪化してきたという。このような山林環境の変化、荒廃農地の拡大、気候の温暖化などが、猪や鹿の生息域の変換と繁殖を促進した可能性はきわめて高い。

ここで温暖化について興味深いデータがある。グラフ5である。これは『山梨県の気象百年』と毎年の『山梨県統計年鑑』に記載された「甲府地方気象台気象表」より、昭和二十一年から平成十八年までの甲府の気温変化を抜き出し、グラフ化したものである（甲府地方気象台百年誌編集委員会一九九四、山梨県統計調査課一九九五〜二〇〇九）。ここには（1）年平均気温、（2）一月の平均気温、（3）一月の日最低気温月平均値、の三種類を示してみた。（1）からも気温上昇傾向が窺われるもののその差はあまり顕著とはいえない。これに対して（2）及び（3）では昭和六十三年頃から上昇しつつあることが明らかにとらえられる。最寒冷期である一月の最低気温が上昇することは、温暖帯地域に生息する野生動物にとっては好条件になるものと思われる。

農地の荒廃については、山付きの耕作地の多くが廃棄され雑草化・薮化している現況が多く、葛などの根茎類が発達するとともに、土中の生物が繁殖するかつての水田は猪の格好な食餌場と化している。江戸時代の東北地方八戸藩の「猪飢饉」が大豆畑の休耕地に端を発したとすれば、そこには現代の耕作地荒廃との共通点が見いだせる。江戸時代の防除策の一つとして生息環境の整理、すなわち薮や林の伐り払いというのがあった。まさに現在は猪にとって営巣や採餌の面からも、好条件の荒れ地が増加していると言える。

以上のように、1 山林様相の変化、2 農地の荒廃、3 気候温暖化、といった要因をあげるならば、1により生息区域が変異し、3により生息条件が好転し、2により繁殖しやすくなる、といった現象が導き出されることになる。その結果、里山や耕作地への猪出現が促進されるというのが、現在の状況ではないだろうか。

猪や鹿、それに猿などによる被害の原因に以上のような背景があるとすれば、それを断ち切ることが被害削減につながることになろう。特に1と2への対策である。1については、山の手入れとともに実のなる落葉広葉樹の植林、2については農業振興・後継者養成、あるいは農業体系の再構築といった施策から考えることが必要である。すなわち人と動物との共存をめざした環境整備が、最も求められる基本対策ではなかろうか。このような施策を地道に実行しながら、江戸時代に盛んに行なわれた対症療法をも併用していくことが、当面の方策であろう。

ここで現代の猪害防止策について、農林水産省が示した『野生鳥獣被害防止マニュアル』をみてみよう（農林水産省生産局農産振興課技術対策室二〇〇七）。被害防止対策の骨格としては、（1）野生獣の特徴を知ること、（2）野生鳥獣を寄せつけない営農管理、すなわち集落周辺の環境整備、作物や休耕地の管理、（3）侵入防止技術としての具体的な対策、という三つの要素をあげている。

このうち（2）と（3）とが具体的な防除対策ということになるが、（2）では、耕作地周辺の草刈や休耕地の管理など、猪などが棲みやすい環境を除去することがポイントとなっている。（3）では防護策設置、被害を受けにくい農作物の利用、追い払いなどの直接的な対策があげられている。特に防護柵の設置は効果的な対策として、トタン板やネットのような簡易なものから各種の電気柵まで、それらの特徴や効果的な設置方法について丁寧に説明されている。追い払いでは、花火や犬さらには警報システムの活用などもあげられているが、これらは特に猿が意識されているものである。他にも別項にて、緩衝地帯の設置や狩猟などによる捕獲の手法も説明されている。

これらを整理してみると大きくは次のように分類できる。（1）猪の生息や出現しやすい周辺環境の整理――耕作地周辺の草刈や休耕地の管理、緩衝地帯の設置など、（2）防御――防護柵の設置、被害を受けにくい農作物の利用など、（3）攻撃――追い払いや狩猟などによる捕獲。

このように（1）のような基礎療法的な要素とともに（2）（3）による対症療法により猪をはじめとした野生獣被害対策が実施されているというのが現状である。これらの方法は、すでに第二章及び第三章で詳しくふれたように、江戸時代においてすでに実施されていることでもある。江戸時代には、「生息環境の整理・追い払い・退治・猪垣の設置」という方法がとられてきた。「生息環境の整理」では、猪が生息しやすい耕作地周辺の藪払いが行なわれ、「追い払いや退治」については、村が保有する威鉄砲を持った見回りや番小屋に泊り込んでの追い払い、さらには猟師による殺傷が実施されてきた。そして防護柵として、木柵や石垣、堀を伴った土手などにより村を取り囲む「猪垣」の設置なども行なわれた。

現在最も有効と考えられ実施されている方法は、猪垣の設置すなわち柵による囲い込みである。個人の農家としては水田や畑をトタン板や網で囲っており、山付きの耕作地では普通にみられる風景となっている。これに加え、広域にわたる山裾には地元組合や県とか市町村により設置された電気柵が走っている。最近では、商品として個人の耕作地を対象とした電気柵も出回るようになってきた。まさに江戸時代の猪垣の再来である。富士川右岸の地域には、国及び県の補助事業により設置された電気柵が断続的ながら山裾をうねっている。特に北杜市白州町鳥原地区には、江戸時代の猪垣と平行して電気柵が設置されている。二百年の時を越えて同じ目的を持つ施設が存在することは、まことに驚きでもあった。

江戸時代において最も一般的であった、威鉄砲などによる見廻り・追い払いは現代の方法としては盛んではない。特に耕作者が交代で夜廻りを行なったり小屋掛けでの追い払いは、特に出現が激しい時期を除いて、組織的には実施されていない。猟師による殺傷や退治に類似することとしては、狩猟期間内での猟銃による捕獲、狩猟期間外での有害獣駆除という方法もとられているが、江戸時代の猟師雇用のように期間を決めて連日見回るというわけではない。こうしてみると、特に過去に比べ新たな効果的な方法が生み出されたとは言い難く、電気という攻撃的要素が若干は加わった柵への展開はあるとしても、江戸時代の伝統の中での改良といった程度なのである。だからといって、江戸時代以来の対症療法についてその効果がないというのではない。その生かし方が大切なのである。猪垣については、村人が毎日見回りを行なうことが決められていた。現在の電気柵もそのままでは効果が薄くなる。集落単位での日常の保守点検と修理、そのような意識が重要なことは言うまでもない。

最後にこれからの、猪をはじめとした獣害の防除に関する課題についてふれておきたい。

縄文時代のように、人の生活の中あるいは集落の中に猪を取り込むことができれば、それは害とはなりにくい。それは、食料はもちろん牙骨や毛皮などの利用にはじまり信仰の対象にまで、猪が活用された時代のことである。弥生時代以降現代に至るまでやはり害獣としての面が強く、特に江戸時代の農民や為政者を苦しめたようにこれへの対策は、多くの労苦と経費とを伴うものであった。現在もまた獣害の際立った時を迎えており、さまざまな対策、特に対症療法が実施されている。

しかし最も重要なことは、その原因をつかみその根底を見直していく、基礎療法への対策である。先にもふれたように、生息条件の好転をもたらす気候温暖化に加え、生息区域に変異をもたらした山林様相の変化、繁殖をもたらす農地の荒廃、といった要因を除いていくことが必要なのではないか。

地球規模での取り組みが求められている気候温暖化対策は別として、山の手入れとともに実のなる落葉広葉樹の植林などにより獣が棲みやすくなる山林環境の維持や、農業振興・後継者養成、あるいは農業体系の再構築といった施策により農地の荒廃をなくしていく方途を考えていかねばならない。実際、農水省の『野生鳥獣被害防止マニュアル』でうたう山と農地との間への「緩衝地帯」設置も、人と動物との棲み別けといった見地からは、必要な基礎療法であろう。下草刈りが行なわれる休耕地や空間地、さらには家畜放牧地の設定などが提案されている。江戸時代にも、耕作地周辺の下草刈りは猪害防除策の重要な一つであった。山梨県では平成二十二年度から耕作放棄地に肉牛を放し、雑草を食べさせる「レンタル牛」のモデル事業を始めた。荒れた農地を元に戻す目的であるが、獣害防止の緩衝地帯設置にも役立とう。『山梨県特定鳥獣（イノシシ）保護管理計画』では基本方針として「里山のイノシシの密度を減らすことを目標」としている。すなわち棲み別けである。但し、人の側だけが都合のよい棲み別けでは全く意味はない。やはり山林環境の整備を念頭に置く中で、人と動物との共存をめざした環境整備が最も求められる基本対策ではなかろうか。このような施策を地道に実行しながら、江戸時代に盛んに行なわれた伝統的な対症療法をも併用していくことが必要であろう。その目指すところは、問題の原因をつかみ、それを解決することができる根源的な基礎療法について考えることである。

人と猪との長いつきあいの歴史にみるように、害をなす存在ではあるもののやはり猪は人に必要な動物といえる。山林の生態系の頂点にたっていた狼はもはや絶滅し熊も少なくなってきている今、猪を根絶することは人も含めた山野の生態系を破壊することにもなる。人と猪とのつきあいは、これからも長く続けていかねばならない。

ある山村を訪ねた際の農婦の言葉が今なお耳に残る。「畑に来ればおいしい食べ物がある。子供の時にその味を覚えてしまった猪は、毎年畑にやってくる。親猪になればまた子供を連れてやってくる。その繰り返し。私はまだ若いからいい。一生懸命草取りして育てた作物が猪に荒された隣のおばあちゃんはかわいそう。なんとかしてあげられないものか」

動物にも人にも魅力ある山づくり。そんな課題への対応を、さまざまな歴史の教訓から導き出せないものか。検討事項は大きく重い。

四　共存を求めて——まとめとこれからのかかわり——

縄文時代、猪はムラになくてはならない獣であった。一つには大切な食料として、さらには豊かさをもたらす神として縄文の世界を支えてきた。貝塚から出土する多くの猪の骨は、鹿の骨角や魚介類などの遺物とともに、猪が縄文人の貴重な食料であったことを物語る。それ以上に、豊穣をつかさどる神として、あるいは神にささげる犠牲獣として、縄文人の願いを託すにふさわしい動物であった。

このような縄文時代にはじまり、そして現代に至るまでの人と猪とのかかわりあいについて、前回の「考古編」及び本書「歴史編」にてその展開を追ってきた。ここでは、最後にそれらの要点について簡単に振り返ってみよう。

今からおよそ六千年前ともされる縄文時代前期の終わり頃、縄文人ははじめて土器に猪の顔を飾り付けた。猪装飾のはじまりである。土器の縁から伸び上がる顔、かわいらしいもの、こわそうなもの、愛敬豊かなものなどさまざまな表情の猪。そこに表現された特徴は実にリアルであり、それを造形した縄文人は実際目のあたりに猪を観察することができたに違いない。当時の縄文ムラには猪がいたのである。それは集落と森とを自由に行き来する、いわば半飼育ともいうような形での人とのつきあいであった。縄文ムラの周囲に生えるマメ科の植物、さらには開かれた土地にはびこる葛やワラビといった地下に澱粉を蓄える植物。村の一画には簡単ながら作物が植え付けられた「畑」があったかもしれない。これらに引き付けられ集まってくる猪。縄文人と猪とのあらたなかかわりのはじまりでもある。人里に棲む雌猪は山林にて交配、やがて村にて出産。広場にはウリボウが群れ遊ぶ。そんな光景の中で、縄文前期の人々は土器に猪を飾り、祈ったのではないか。食料としての重要な猪、それは祈りの対象へとも昇華したのである。

野生の猪は個体数の変動が激しい。自然環境の変化に応じた増減サイクル、半飼育とはその増加期にこそ起こりえた人と猪とのかかわりあいではなかったか。

土器装飾が最も発達した四千五百年から五千年ほど前の中期中頃、猪は蛇や蛙や女神とともに登場し不思議な造形へと展開する。土器に表現された縄文神話の躍動でもある。生命力の強さや多産の豊かさが、猪を物語りの主役の一つとして登場させたのである。縄文人は猪に豊穣を祈った。猪は縄文人にとって神でもあったに違いない。おそらく、この縄文時代の中頃も猪増減サイクルでの個体数増加期であったと思われる。動植物の繁殖に適した温暖な気候、豊かに実る森、そして縄文ムラの周囲には澱粉を蓄える植物が繁茂、村ではマメやイモ類の栽培。恵まれた環境の中で、猪の半飼育が再び始まりそして最盛期を向かえる。世界に類をみないほどの大形で多彩な装飾が躍動する縄文土器製作の背景には、このような環境があった可能性を考えた。

中期後半以降、猪が土器を飾ることはめっきり少なくなるが、後期になると東北地方の北部にて猪をかたどった土製品が作られるようになり、やがて関東から中国地方にまで広がっていく。発掘調査により、遺跡全体から焼かれて細かくなった猪や鹿の骨が出土するのも、後期から晩期という時代の特徴でもある。特に、幼獣百十五個体を含む猪の下顎骨百三十八個体が焼かれた状態で、一つの穴から発見された山梨県金生《きんせい》遺跡のような例もあった。やはり猪は祈りの世界につうじていたのである。特に幼獣は、縄文の祭りに必要なものであった。半飼育が可能になる猪増加期には、幼獣も手に入りやすい。猪増減サイクルを上手に活用していた時代、それが縄文時代ではなかったろうか。大切な食料源であったと同時に、豊かさをもたらしてくれる神としての猪。縄文時代とは、人と猪とが共存できた時代なのであった。

そのような関係に大きな転換がはじまった時代、それが弥生時代である。稲作がもたらされ、社会のしくみが変わっていった弥生の文化。「縄文の神」猪は、害獣として、あるいは新しい時代にそぐわない前時代の神として、排除されるものへとその立場を変えていった。銅鐸絵画にはそのことを物語るシーンもみられた。王権が確立する古墳時代では、猪はさらにまつろわぬ者の代表として駆逐されていく。古墳を取り巻く埴輪群の中にも、そのような狩猟シーンが描き出されている。『播磨国風土記』にあるような、王の直接の指示によって犬と猟師とにより追われ退治される物語りもかたちづくられた。『古事記』や『日本書記』では、害をもたらす強烈な悪役として登場する。農耕社会にとって、猪は害をなす動物でもあった。すでに『万葉集』には田を荒す動物として、鹿とともに猪が詠み込まれていた。「小山田の　鹿猪田守るごと」（巻第十二）や「あらき田の　鹿猪田の稲」（巻第十六）と詠まれる「鹿猪田《ししだ》」とは、鹿や猪に荒される田と解釈されている。このような獣害を防ぐためには番小屋に泊り込み獣を追い払うことになるが、それが「鹿火屋」（巻第十、十六）、「山田守る翁が　置く鹿火」（巻第十一）という言葉で表現されている。鳴子のこととされる「引板《ひきた》」（巻第八）も詠まれており、鳥や獣を追い払うための設備も登場する。万葉の時代にも、農民は鳥獣の害に悩まされていたのである。

平安時代、藤原道綱の母が記した『蜻蛉日記』にも、夜更けて「田守のもの追いたる声」が遠くに響く石山寺周辺の様子が述べられていた。この情景は、なんと江戸時代に司馬江漢が三河国熊村に宿泊した際、寝入りて夜更に聞いた猪を追う声や、『飛騨後風土記』に記録された「山畑の夜守」にも共通する情景ではないか。京を一歩離れると、そこは獣の棲む世界なのであった。鹿や猪から作物を守る深夜の労働は、平安の時代にも行なわれていたのである。

農耕のはじまりがそのまま獣害対策の歴史でもあり、それは縄文時代とても例外ではない。ただ縄文の社会は、弥生時代のような農耕依存型には至っていないこともあり、被害以上のものを猪に見いだすことができた。それは、猪を活用することであった。実用面でも精神面でも猪が活躍する場が用意されていたのである。やはり人と敵対する害としての面が強く現われてくるのは、弥生時代以降の耕作地域ということになろうか。

その極みは、江戸時代の猪害にみることができた。時には飢饉をもたらし農民の生活を追い込む猪や鹿の害、その防除に昼夜なく対応せざるをえなかった農民の辛苦、それらの実情からはまさに猪の害獣としての面が大きく現われる。現在もまた同様な時代の中にある。

このような害獣という猪への見方は、弥生時代以降現在に至るまで続いている。しかし、有益な面ではどうか。まず食用の面からみてみよう。縄文時代、猪は大切な食料であった。弥生の遺跡からも、猪や鹿の骨は出土する。やはり食料となっていたことは確かである。しかしこの時代、豚の飼育が始まったらしい。西本豊弘氏の研究によれば、猪とは異なった形質の骨格が認められるようになり、家畜化が進んできたことが指摘された。これは野生の猪を家畜化したというよりも、稲作にともなって大陸からもたらされた豚の可能性が高いという。食料としての肉の供給の多くは、豚が担うことになっていったのである。

『古事記』安康天皇の項に「山代《やましろ》の猪甘《みかい》」という老人が登場する。注釈では「豚を飼う部民」と説明されている。また『播磨国風土記』賀毛郡山田里の条に「猪養野」という地名が出ている。これらの記述から、古代には猪類の飼育にかかわる職業があるとともに、特定の場所にて飼育が行なわれていたことがわかる。ここでいう猪がすでに家畜化した猪すなわち豚なのか、一代限りの飼養状態にあった野生の猪であったのかは不明である。しかし弥生時代には猪とは異なった形質を持つ猪類、つまり豚が存在することが確認されている。このような伝統の中で古代にも猪類の飼育が行なわれており、それが職業として成立していたことが窺われる。野生の猪はもちろんのこと、飼養あるいは飼育された猪（豚）も含め、猪類の利用は依然として続いていたのである。

ところで『日本書紀』や『続日本紀』には肉食に対する禁令がたびたび登場する。これらの詔は仏教による殺生禁断の思想にもとづくとされるが、次第に肉食を忌み嫌う流れへと進んでいったものとみられる。しかし猪を含めた獣肉が食用をはじめとして薬用や祭祀用に必要であったことは、いくつかの資料から確認することができた。平安時代の法令集『延喜式』には各地から納められる税の一つとして、獣や魚の乾燥品や塩漬けなどの加工品があり、この中に猪の干し肉（ほじし）や塩漬け肉（ししびしお）も含まれている。これらは儀式の供え物として用いられるが、保存食であったことも十分に考えられる。また、『今昔物語集』や『宇治拾遺物語』、さらには『粉河寺縁起』などの絵巻には、猪や鹿を狩る猟師がたびたび登場する。やはり猟師という職業が成り立っており、獣肉・薬としての胆や脂肪・毛皮などの獲得が行なわれていたのである。

江戸時代にも、歌川広重の浮世絵『名所江戸百景』「びくにはし雪中」に「山くじら」という店看板が描かれていた。猪を海産物の一つとみなし、食べていたことはよく知られている。江戸時代の経済学者佐藤信淵が著した『経済要録』には豚の飼育や肉食が広まっていたことが書かれていた。橘南谿の紀行文『東西遊記』にも広島城下では豚が多く飼われていることが記述されていた。大名屋敷でも、江戸薩摩藩邸の発掘調査では多くの猪類（猪ないし豚）の骨が出土した。『経済要録』には、薩摩藩では邸内にて豚が飼われていたことも紹介されている。

以上のことから、一部ではあるものの野生の猪や飼育されていた豚を含めた「猪類」が食用になっていたことがわかる。仏教にもとづいた肉食を忌み嫌うという考え方も広まってはいたが、程度に差はあれ猪の食用は続いていたのである。

薬としての猪の利用例もある。平安時代の『延喜式』には、猪の脂肪が薬用であったことが随所に登場し、太刀を磨く剤として用いられたことも記載されている。江戸時代には熊の肝と同じように猪の肝が薬用として効力を発していた。特に豚の脂肪は、薬用、照明用、食用として優れていたことが記録類からわかる。他にも猪の胆嚢は、熊の肝とともに「猪の肝」として腹痛や胃腸病によく効く薬として貴重であった。

以上のような食肉用や薬用に加え、やはり『延喜式』には祭祀にかかわっての猪の役割もいくつか記されている。「道饗祭《みちあえのまつり》」、「疫神祭《やくじんのまつり》」、「障神祭《さえのかみのまつり》」などでは牛皮、鹿皮、熊皮とともに猪の皮までもが必要とされている。これらの祭りは、災厄をもたらす悪鬼や疫病が入ってこないように祈る祭祀である。猪の皮には悪霊を防ぐような効力があったことになろうか。動物の皮が用いられたこと、それは本来は生きたそれぞれの獣が用いられたのかもしれない。

さらに『延喜式』には、「釋奠《せきてん》」という儒教にかかわる祭祀のことも載っている。ここでは「三牲」といって、大鹿、小鹿、豕《いのこ》の三種の動物の肉が供えられる。豕は「いのこ」と読まれており、豚を意味するものであろうが、野生の猪ということもありえよう。あるいは猪の子供ないし子豚を意味するのかもしれない。他にも干した魚や肉、塩漬けの肉、木の実、栗・黍・稲、そして酒などが供えられる。このような保存食に加え三牲が捧げられることは、本来生きた獣が捧げられたのではないかと考えた。三牲を準備するにあたっては、延喜式に「若致腐臭、早従返却、令換進之」（腐臭がする時にはすぐに新しいものと取り替えよ）と記されており、新鮮な獣肉が要求されている。このことから、犠牲獣は絶えずストックが必要となり、やはり鹿をはじめとして豚あるいは猪が飼育あるいは飼養されていたのかもしれない。

中世以降も動物を供える祭祀は続いている。信濃国の一宮である諏訪大社の「御頭祭」ではその地域一円から、鹿や猪の頭が奉納される。これは春の「酉」の日に実施される農作祈願神事であり、ここに山野河海で得られた供物を捧げるという。鹿や猪の頭も神に捧げる「御贄」なのである。日向国銀鏡神社で行なわれる「銀鏡神楽」でも、今なお祭りの直前に獲れた猪の頭が「オニエ」として供えられる。鎮魂と豊猟を願う祭りという。

農耕祭祀、狩猟祭祀ともに猪が供えられるところに、猪と人とのかかわりの強さが伝わってくる。食料や薬用、さらには日常生活に必要な品物を提供してくれる猪の有益性をそこにみることができる。一方では猪のもつ強さ、霊力もまた、祭祀に必要な要素であったのかもしれない。各地の神社に納められる絵馬には、猪の絵柄もみられる。猪の強さや多産に願いを込める民間の信仰もまた、息づいていたのである。陰暦十月最初の亥の日亥の刻に「亥の子餅」

を食べるという「亥の子の祝」も、やはり猪の多産に由来するものであった。

以上のように、人と猪とのつきあいの歴史は長く、そして深い。人が野や林を切り開き「ムラ」を営みはじめたその時から、人と猪とのかかわりあいは深くなっていったのである。以来、食料・道具の材料・薬品などの実用品に加え、祭祀や信仰にかかわって猪は人の世界と強いつながりを維持してきた。現在猪に対しての関心は、農作物への被害という面が大きい。実際、全国では稲や果樹、野菜を中心に年間五十億円を超す被害が生じているという。しかし長い歴史をかえりみた時、畑や田を開墾しはじめたその時から、作物への被害は始まっていたのである。山林に接した地域にて耕作を続ける限り、作物に対しての猪や鹿などとの競合はいつまでも続くことになる。野や里山や山林から構成される我が国の自然環境からすると、人が利用し獣が生息する環境は当然重なっているからである。山野を切り開きそして耕し収穫した作物、それは人からみると労働により得られた大切な資源である。しかし野生獣の立場では、山野に続く一角に広がる「食餌場」に実った格好な食料なのであろう。被害とは、あくまでも人の側からの見方なのだ。とは言っても山野から降りてくる猪に向かい、「立ち入り禁止」の意思を強く主張するべく防禦策はこれからもずーっと講じていかねばならないことは確かであろう。

現在ほど、山野の自然環境に対して人の力が大きく作用した時代はない。山林の荒廃、耕作地の放棄など、必要以上に猪の個体数が増加するような要因は取り除かねばならない。国や県などの行政機関ではさまざまな調査や観察をとおして、人と動物とが共存できる環境整備を目指す施策が考えられている。さらに一人一人が獣害の必然性とともに「なぜ被害が生ずるのか」といった問題を考えていく必要があろう。江戸時代の村人は昼夜を問わない追い払い行動、猪垣の構築や見回りなど、共働して被害への防禦に当たってきた。集落周辺の藪や草刈などの対策は講じたものの、江戸時代の基本的な防除対策はこのような「対症療法」が中心であった。現在の具体的な対策の多くは江戸時代のそれと大差はない。先にもふれたように「対症療法」は、これからも継続して行なわねばならないが、むしろ現代にこそ求められる課題は、「基礎療法」としての環境整備であろう。加えて林業や農業を支える施策も問題となる。

これら第一次産業に対して、これからの世代を引き付けるような魅力ある施策が実行されることが望まれよう。人と動物との棲み別けができるためには、やはりそれぞれが生活しやすい環境を作っていくことが大切ではないだろうか。

近年生物多様性ということばがよく用いられる。言ってみれば、さまざまな生き物に満ちあふれる世界という意味にもつうじよう。生態系の頂点を極めた人間、山林の生態系では動物としてはトップクラスに位置付けられる猪。共に生き続けることが、生物多様性の意味を証明することになる。

人と猪との長い付き合いの歴史、これからも永遠に続いていくことであろう。

歴史編のおわりに

今から五年ほど前の二〇〇六年は、春から夏にかけて多くの猪が人里に現われた年であった。人なつっこくかわいいウリボウ、それが側溝などに落ち保護される機会が増えたことについては、すでに「考古編」の冒頭に詳しくふれたとおりである。ウリボウが保護されるだけなら問題はないが、それとともに猪による農作物への被害が急増した年でもあった。猪が人里に出没し、農作物への被害が増加するといった傾向はここ十数年の現象であり、私が子供の頃の昭和三〇年代にはあまりみられなかったことである。どうして猪が人里にやってくるのか、以前にも猪の被害はなかったのだろうかといった疑問が沸き上がってきたのも、このような状況からであった。

これまで考古学の立場から、土器に付けられた猪の装飾や土製品、猪の骨とか埋葬などについていくつかの小論をまとめてきた私にとって、猪出現のさまざまな情報は、人と猪とのつきあいの歴史を考え直してみる機会を与えてくれた。そこで、あらためて現代における猪害の実態を調べるとともに過去の猪害の歴史を追い、さらにこれまで書いたものを見直しながら、縄文から現代に至る人と猪との歴史をつかんでみたいと思いたった。以来五年間ほどの時が過ぎ、やっとここに『猪の文化史』としてまとめることができた。当初は一冊の単行本というかたちを考えたが、原稿の分量や構成内容から「考古編」と「歴史編」という二分冊で刊行されることになった。本書は、先に出版された「考古編」に続く「歴史編」ということになる。

本書の執筆が終盤に入った昨二〇一〇年、この年は人里に熊が多く現われた年であった。特に秋頃は激しく、北海道ではヒグマ、本州ではツキノワグマの被害が目立った。十月十七日付け山梨日日新聞では、八月末時点の山梨県内での熊目撃情報が作年度の二倍にあたる九十九件にも達したと報じられ、十月二十日付け朝日新聞ではこの年の被害として、熊に襲われ四人が死亡、百人がけがという全国情勢が掲載された。これは昨年度被害の一・六倍にあたるという。一方捕獲・駆除された熊も二千三百九十九頭にも及ぶとのことであった。人の側からすると熊による被害ということになるが、熊の立場からは人里に出なければならない、それなりの理由があったはずである。新聞紙上では、その原因として猛暑によるナラやシイなどの落葉広葉樹の枯死や、奥山の荒廃などをあげている。重なりあう人と動物との生活領域、そこでの自然環境のわずかな変化が人と動物の棲み別けの均衡を狂わせていく。そんな現象下でのできごとなのであろうか。

本書では猪に焦点をおいて人とのつきあいの歴史をたどってきたが、熊、鹿、猿といった動物たちとの関係もやはり同様な歴史の中に位置付けられるのであろう。特に鹿の害は、猪とともに本書で扱った弥生時代以降江戸時代に至るまで、さまざまな史料にみることができた。現在は猪にも増して鹿の害も顕著である。これらの動物たちが人里に現われてくる原因、それは自然環境の変化と人の生活のありかたとの関係にもとづくという点で共通していよう。その要因の把握と課題については本書第四章でもふれたとおりであるが、やはりそこには人とのつきあいの長い歴史がある。それぞれの時代における対応の歴史に学ぶとともに、自然のバランスが崩れた時にも、それなりの対応策――特に基礎療法とでもいうような知恵――を考えていくことが、人と動物たちとのこれからのつきあいの課題でもあろう。断片的なデータからまとめた『猪の文化史』ではあるが、本書が猪との関係は勿論、広く動物たちとのつきあいの歴史やこれからの関係を考える上でのひとつのヒントになれば幸いである。

本書の編集／刊行に当たっては株式会社雄山閣の羽佐田真一様と永井明沙子様には大変お世話になった。先にも記したように、雑駁な構成にあった原稿を「考古編」「歴史編」として整理いただくなど、いろいろとお手をわずらわせてしまった。また、本書「歴史編」をまとめるに当たってご指導・ご協力をはじめ調査や資料の提供・掲載について次の方々や機関のお世話になった。文末ではあるが感謝の意を表したい。

岡崎文喜、小野正文、笹本歌子、笹本　淳、神宮司　諟、杉本悠樹、高橋　修、西川広平、畠山　豊、堀　淳子、

山下孝司、国立歴史民俗博物館、山梨県森林環境部みどり自然課、山梨県農政部農業技術課、町田市立博物館（敬称略／五十音順）

平成二十三年（二〇一一）七月

新津　健

参考文献

青木生子・井手至・伊藤博・清水克彦・橋本四郎校注　一九九四、一九九五　新潮日本古典集成『萬葉集』二〜四　新潮社
秋本吉郎校注　一九五八『風土記』日本古典文学大系二　岩波書店
明野村　一九九四『明野村誌』資料編
蘆田伊人編輯　一九六八『斐太後風土記』上巻　大日本地誌大系四一　雄山閣
池上　年　一九七四『額田町の文化財』額田町教育委員会
出月洋文　二〇〇〇「青銅製鉄砲玉をめぐって」『長峰砦跡』山梨県埋蔵文化財センター調査報告書　第一六八集
塩山市史編さん委員会　一九九五『塩山市史』史料編第二巻近世
小沢耕一・芳賀　登監修　一九九九「参海雑志」『渡辺崋山集』第二巻、第六巻　日本図書センター
奥野高広・岩沢愿彦校注　一九九一『信長公記』巻五　角川書店
忍野村　一九八九『忍野村誌』第一巻
河岡武春　一九七〇「猪鹿追詰覚書解題」『日本庶民生活史料集成』第一〇巻　三一書房　所収
川上村誌刊行会　一九九三〜二〇〇三『川上村誌　資料編』川上村教育委員会
川島茂裕　一九九一「動物と中世村落」『日本村落史講座』第六巻　雄山閣
勝山村誌編纂委員会　一九九九『勝山村誌』上巻
久保田酉蔵　一九八九『私の郷土史　乙事・富士見・境筋』近代文芸社
黒田　智　二〇〇九『なぜ対馬は円く描かれたのか』朝日新聞出版
栗栖　健　二〇〇四『日本人とオオカミ』雄山閣
河野通明　一九九三「堀家本四季農耕絵巻」解説『農耕図と農耕具』展示図録　町田市立博物館
甲府市　一九七四「嘉永七年寅年版甲府獨案内」「元治元年六月甲府町方取扱帳諸商人職人仲間」『甲府略志』名

著出版

甲府市市史編さん委員会　一九八七『甲府市史』史料編第三巻近世Ⅱ
　一九八八『甲府市史』史料編第四巻近世Ⅲ
　一九八九『甲府市史』史料編第五巻近世Ⅳ
甲府地方気象台百年誌編集委員会　一九九四『山梨県の気象百年』甲府地方気象台創立百周年記念誌
境川村　一九九〇『境川村誌』
佐藤信淵著・滝本誠一校訂　一九六九『経済要録』岩波書店
佐藤八郎・佐藤森三・小和田金貞校訂　一九六八『甲斐国志』第一巻　大日本地誌大系四四　雄山閣
滋賀県教育委員会他　一九八六『木戸・荒川坊遺跡・こうもうり穴遺跡』
白根町誌編纂委員会　一九六九『白根町誌』資料編
白水　智　二〇〇六『甲斐の人々は山とどう向き合ってきたか』山梨県史講演会資料
須玉町史編さん委員会　一九九八『須玉町史』史料編第二巻近世
　二〇〇二『須玉町史』通史編第一巻
諏訪史談会　一九五一『諏訪史蹟要項』四　本郷村篇（一九九六　郷土出版社復刻）
高橋春成編　二〇一〇『日本のシシ垣―イノシシ・シカの被害から田畑を守ってきた文化遺産』古今書院
高橋梵仙編　一九七七「卯辰梁」『飢渇もの』（上）近世社会経済史料集成四　大東文化大学東洋研究所
橘南谿著・宗政五十緒校注　一九八七『東西遊記』二　東洋文庫二四九　平凡社
立平　進　一九九六「近世以降の猪垣」『考古学による日本歴史』産業Ⅰ　雄山閣
千島幸明　一九九三「神徳記聞」二『社報みつみ祢山』一四一号　三峯神社
千葉達朗・冨田陽子・鈴木雄介・荒井健一・藤井紀綱・宮地直道・小泉市朗・中島幸信　二〇〇七「航空レーザー計測にもとづく青木ヶ原溶岩の微地形解析」『富士火山』荒牧重雄・藤井敏嗣・中田節也・宮地直道編集
山梨県環境科学研究所

塚本　学　一九九三『生類をめぐる政治』平凡社
中富町誌編纂委員会　一九七一『中富町誌』
鳴沢村編纂委員会　一九八八『鳴沢村誌』第一巻
新津　健　二〇〇四「近世甲斐国における猪害と防除の実態」『山梨考古学論集』Ⅴ　山梨県考古学協会
二〇〇五「甲斐の猪垣（1）～竹日向村の事例を中心に～」『山梨県考古学協会誌』一五号
二〇〇六「甲斐の猪垣（2）～鳥原村および大明見村の事例～」『山梨県考古学協会誌』一六号
二〇〇七a「村夫銭帳からみた猪鹿害への対策（上）（下）」『甲斐』一一二、一一三号　山梨県郷土研究会
二〇〇七b「江戸時代・富士見町域の猪害対策」『山麓考古』武藤雄六さん喜寿記念　第二〇号　山麓考古同人会
二〇〇八「猪鹿番小屋について」『甲斐』一一六号　山梨郷土研究会
新津　健・杉本悠樹　二〇一〇「樹海内に残る本栖石塁について～石積み遺構にみる諸性格の検討～」『甲斐』一二一号　山梨郷土研究会
西村　嘉　一九七八「南部地方における近世畑作の諸問題―大豆生産と獣害―」『歴史手帖』九　名著出版
韮崎市誌編纂委員会　一九七九『韮崎市誌』資料編
沼野　勉　一九八九『三峯神社』さきたま文庫七
農林水産省　二〇〇八他「全国の野性鳥獣類による農作物被害状況について」農林水産省ホームページ〈鳥獣被害対策コーナー〉
農林水産省生産局農産振興課技術対策室　二〇〇七『野生鳥獣被害防止マニュアル』イノシシ、シカ、サル～実践編
芳賀　徹・太田理恵子校注　一九八六『江漢西遊日記』東洋文庫四六一　平凡社
白州町誌編纂委員会　一九八六『白州町誌』資料編
畑　大介　一九八五「本栖の城山と樹海内の石塁遺構」『山梨考古』第一五号　山梨県考古学協会

一九九一「戦国期における国境の一様相—本栖にみる城館・道付設祖塞・関所—」『戦国大名武田氏』
佐藤八郎先生頌寿記念論文集刊行会
八戸市史編さん委員会　一九七七～一九八二『八戸市史』史料編近世五～近世一〇
早川孝太郎　一九二五「猪・鹿・狸」『世界教養全集』二一　平凡社　一九七〇　所収
富士吉田市史編さん委員会　一九九四a『富士吉田市史』史料編第三巻近世Ⅰ
一九九四b『富士吉田市史』史料編第四巻近世Ⅱ
増穂町誌編纂委員会　一九七七『増穂町誌』史料編
松村誠一・木村正中・伊牟田経久校注・訳　一九八九『土佐日記　蜻蛉日記』日本古典文学全集九　小学館
松山義雄　一九七八『狩りの語部—伊那の山峡より』法政大学出版局
宮本常一・原口虎雄・谷川健一編　一九七〇『日本庶民生活史料集成』第一〇巻　陶山鈍翁「猪鹿追詰覚書」三一書房
向山雅重　一九八四『伊那農村誌』慶友社
三富村村誌編纂委員会　一九九六『三富村誌』上巻
身延町誌資料編編さん委員会　一九九六『身延町誌』資料編
矢ヶ﨑孝雄　二〇〇一「猪垣にみるイノシシとの攻防」高橋春成編『イノシシと人間』古今書院
山口民弥　一九九九「オオカミと御眷属信仰」『山岳修験』第二四号
山梨県　一九九五　山梨県史資料叢書『村明細帳』山梨郡編
一九九六a　山梨県史資料叢書『村明細帳』巨摩郡編
一九九六b　山梨県史資料叢書『村明細帳』八代郡編
山梨県教育委員会　一九八五「信仰的講集団の名称」『民俗調査報告書』
山梨県森林環境部みどり自然課　二〇〇七『山梨県特定鳥獣（イノシシ）保護管理計画』～平成一八年三月策定・平成一九年七月変更～
山梨県統計調査課　一九九五～二〇〇九「甲府地方気象台気象表」『山梨県統計年鑑』

山梨県農政部農業技術課　二〇一〇他「山梨県における鳥獣の農作物被害状況」山梨県ホームページ
山梨県立図書館　一九七八「享保九年松平甲斐守三郡引渡目録」『甲州文庫史料』第六巻
山梨市　　　　　二〇〇四『山梨市史』史料編近世

図版出典

第1図　著者作図
第2図　新津　健　二〇〇四「近世甲斐国における猪害と防除の実態」『山梨考古学論集』Ⅴ　山梨県考古学協会
第3図　1 蘆田伊人編輯　一九六八『斐太後風土記』上巻　大日本地誌大系四一　雄山閣、2 小沢耕一・芳賀　登監修　一九九九「参海雑志」『渡辺崋山集』第六巻　日本図書センター、3 芳賀　徹・太田理恵子校注　一九八六『江漢西遊日記』東洋文庫四六一　平凡社
第4図　「堀家本四季農耕絵巻」（堀　淳子様所有）町田市立博物館　一九九三『農耕図と農耕具展』町田市立博物館図録第八五集
第5図～第8図　新津　健　二〇〇六「甲斐の猪垣（2）～鳥原村および大明見村の事例～」『山梨県考古学協会誌』一六号
第9図・第10図　新津　健　二〇〇五「甲斐の猪垣（1）～竹日向村の事例を中心に～」『山梨県考古学協会誌』一五号
第11図～第13図　新津　健・杉本悠樹　二〇一〇「樹海内に残る本栖石塁について～石積み遺構にみる諸性格の検討～」『甲斐』一二二号　山梨郷土研究会
第14図　1 向山雅重　一九八四『伊那農村誌』慶友社、2 早川孝太郎　一九二五「猪・鹿・狸」『世界教養全集』二一　平凡社（一九七〇所収）、3 池上　年　一九七四『額田町の文化財』額田町教育委員会
第15図　薩摩版成形図説　国立歴史民俗博物館所蔵

著者紹介

新津　健（にいつ　たけし）

＜著者略歴＞

1949年、山梨県に生まれる。上智大学大学院文学研究科修士課程修了。山梨県立考古博物館副館長、山梨県埋蔵文化財センター所長を歴任。現在は山梨県教育庁学術文化財課非常勤嘱託。専攻は考古学。先史時代から現代にいたる人とモノとの関係を、歴史学、民俗学の成果も取り入れながら考えることを目指している。

＜主要著書・論文＞

『新版山梨の遺跡』山梨県考古学協会編（共同執筆、山梨日日新聞社、1998）、「縄文晩期集落の構成と動態」『縄文時代』3（縄文時代文化研究会、1992）、「弋射・弾弓考」『甲斐の美術・建造物・城郭』（岩田書院、2002）、「埴輪・猪・狩猟考」『地域の多様性と考古学』（雄山閣、2007）など。

2011年 7 月25日　初版発行　　《検印省略》

◇生活文化史選書◇

猪《いのしし》の文化史《ぶんかし》 歴史編《れきしへん》

—文献《ぶんけん》などからたどる猪《いのしし》と人《ひと》—

著　者　新津　健

発行者　宮田哲男

発行所　株式会社 雄山閣

〒102-0071　東京都千代田区富士見2-6-9

TEL　03-3262-3231 / FAX　03-3262-6938

URL　http://www.yuzankaku.co.jp

e-mail　info@yuzankaku.co.jp

振　替：00130-5-1685

印　刷　松澤印刷株式会社

製　本　協栄製本株式会社

ISBN978-4-639-02186-5 C0321

N.D.C.210　189p　21cm

■関連書籍

古代造瓦史—東アジアと日本—／山崎信二著　A5判　6930円（税込）

塩の流通と生産—東アジアから南アジアまで—／東アジア考古学会編　B5判　3360円（税込）

弥生農耕集落の研究—南関東を中心に—／浜田晋介著　B5判　8820円（税込）

新訂 九州縄文土器の研究／小林久雄著・『九州縄文土器の研究』再版刊行会編　A5判　7980円（税込）

明治大学日本先史文化研究所　先史文化研究の新視点Ⅱ

移動と流通の縄文社会史／阿部芳郎著　A5判　2940円（税込）

■好評既刊

日本刀・松田次泰の世界—和鉄が生んだ文化—

／かつきせつこ作画・松田次泰・かつきせつこ企画　B5判　3360円（税込）

帝国陸軍高崎連隊の近代史　下巻（昭和編）／前澤哲也著　A5判　5250円（税込）

渋谷学叢書2

歴史のなかの渋谷—渋谷から江戸・東京へ—／上山一夫編著　A5判　3570円（税込）

黒タイ年代記—『タイ・プー・サック』—／樫永真佐夫著　A5判　6510円（税込）

文楽の家／竹本源大夫・鶴澤藤蔵著　四六判　2100円（税込）